U0330639

全国 BIM 技能等级考试教材
（二级）
建筑设计专业

筑龙学社　编

中国建筑工业出版社

图书在版编目（CIP）数据

全国 BIM 技能等级考试教材．二级．建筑设计专业/筑龙
学社编．—北京：中国建筑工业出版社，2019.10（2024.6重印）
ISBN 978-7-112-24277-1

Ⅰ．①全…　Ⅱ．①筑…　Ⅲ．①建筑设计–计算机辅助
设计–应用软件–资格考试–自学参考资料　Ⅳ．①TU201.4

中国版本图书馆 CIP 数据核字（2019）第 217732 号

责任编辑：张礼庆
责任校对：焦　乐

全国 BIM 技能等级考试教材（二级）建筑设计专业
筑龙学社　编

*

中国建筑工业出版社出版、发行（北京海淀三里河路 9 号）
各地新华书店、建筑书店经销
北京鸿文瀚海文化传媒有限公司制版
建工社（河北）印刷有限公司印刷

*

开本：787×1092 毫米　1/16　印张：17　字数：418 千字
2019 年 11 月第一版　　2024 年 6 月第五次印刷
定价：**40.00** 元
ISBN 978-7-112-24277-1
（34775）

前　言

建筑信息模型（Building Information Modeling，以下简称 BIM），是在计算机辅助设计（CAD）等技术基础上发展起来的多维模型信息集成技术，是对建筑工程物理特征和功能特性信息的数字化承载和可视化表达。

BIM 能够应用于工程项目规划、勘察、设计、施工、运营维护等各阶段，实现建筑全生命周期各参与方在同一多维建筑信息模型基础上的数据共享，为产业链贯通、工业化建造和繁荣建筑创作提供技术保障；支持对工程环境、能耗、经济、质量、安全等方面的分析、检查和模拟，为项目全过程的方案优化和科学决策提供依据；支持各专业协同工作、项目的虚拟建造和精细化管理，为建筑业的提质增效、节能环保创造条件。信息化是建筑产业现代化的主要特征之一，BIM 应用作为建筑业信息化的重要组成部分，必将极大地促进建筑领域生产方式的变革。

近年来，住房和城乡建设部多次发文鼓励地方政府及有关单位和企业通过科研合作、技术培训、人才引进等方式推动相关人员掌握 BIM 应用技能，全面提升 BIM 应用水平。国内大型建筑企业纷纷组建 BIM 团队，同时越来越多的项目将 BIM 技术作为投标加分项。BIM 技术人员正在成为国内紧缺的专业技术人员。

在此背景下，筑龙学社适时开展了 BIM 技能培训工作。筑龙学社（www.zhulong.com）创建于 1998 年，是一个建筑行业的学习社群，覆盖建筑设计、施工、造价、项目管理、BIM 等 18 个专业领域。拥有超过 1200 万注册会员、超过 400 万手机用户，是全球访问量遥遥领先的建筑网站。

本书共 20 章，主要讲解 Revit 基础操作，包含标高、轴网、梁、柱、楼板、墙、门窗、屋顶、楼梯坡道、洞口等基础图元创建以及明细表、图纸等应用，同时对族与体量的操作进行详细讲解。既可以用于参加 BIM 技能等级考试的学生，也可以为 BIM 从业者提供 Revit 软件入门操作指导，为学习者打下扎实基础。

尽管目前国内 BIM 技术的推广应用工作正在逐步开展，但是现阶段应用层次还有待深入，人才培养模式还有待优化。相信在国内政策的正确引导下，更多的建筑业企业和单位会从中受益，筑龙网致力于成就更多有梦想的建筑人，一定会继续做好 BIM 技能人才的培训工作，为建筑业的持续健康发展做出贡献。

目　　录

第1章　Revit 软件概述

1.1　软件截面介绍及基本设置

打开软件后界面如图 1.1-1 所示，分为三个板块：项目板块，族板块，资源板块。

项目板块：包含项目样板文件，本板块可以创建一个新的项目文件。

族板块：本板块可以创建一个新的族文件或者新建一个概念体量文件。

资源板块：本板块为帮助文件。

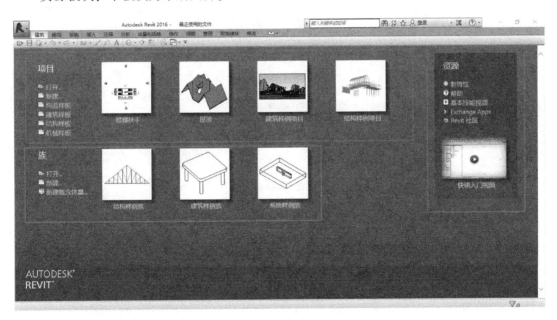

图 1.1-1

点击项目样板文件的建筑样板，创建一个新的项目文件。界面介绍如下：

（1）应用程序菜单（图 1.1-2）

提供了常用文件操作，例如"新建"、"打开"和"保存"。还允许您使用更高级的工具（如"导出"和"发布"）来管理文件。

图 1.1-2

（2）选项卡（图 1.1-3）

图 1.1-3

（3）上下文选项卡（图 1.1-4）

使用某些工具或者选择图元时，上下文功能区选项卡中会显示与该工具或图元的上下文相关的工具。退出该工具或清除选择时，该选项卡将关闭。

图 1.1-4

（4）功能区（图 1.1-5）

创建或打开文件时，功能区会显示。它提供创建项目或族所需的全部工具。

图 1.1-5

（5）面板（图 1.1-6）

图 1.1-6

（6）快速访问工具栏（图 1.1-7）

快速访问工具栏包含一组默认工具。您可以对该工具栏进行自定义，使其显示您最常用的工具。

图 1.1-7

（7）选项栏（图 1.1-8）

选项栏位于功能区下方。根据当前工具或选定的图元显示条件工具。

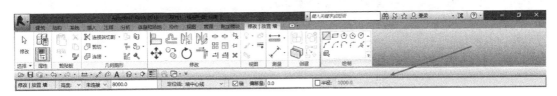

图 1.1-8

（8）属性栏和项目浏览器（图 1.1-9）

"属性"选项板是一个无模式对话框，通过该对话框，可以查看和修改用来定义图元属性的参数。

"项目浏览器"用于显示当前项目中所有视图、明细表、图纸、组和其他部分的逻辑层次。展开和折叠各分支时，将显示下一层项目。

若要打开"项目浏览器"，请单击"视图"选项卡—"窗口"面板—"用户界面"下拉列表—"项目浏览器"，或在应用程序窗口中的任意位置单击鼠标右键，然后单击"浏览器""项目浏览器"。

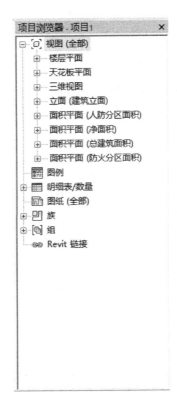

图 1.1-9

（9）绘图区（图 1.1-10）

绘图区域显示当前项目的视图（以及图纸和明细表）。

（10）视图控制栏（图 1.1-11）

视图控制栏可以快速访问影响当前视图的功能。

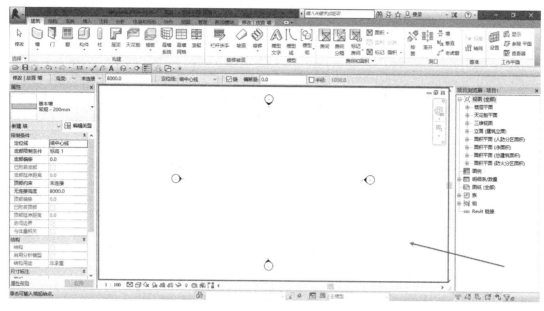

图 1.1-10

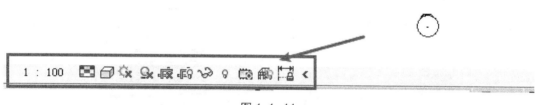

图 1.1-11

（11）状态栏（图 1.1-12）

状态栏会提供有关要执行的操作的提示。高亮显示图元或构件时，状态栏会显示族和类型的名称。

图 1.1-12

1.2 项目创建流程及设置

从"最近使用的文件"窗口中创建项目，启动软件时将显示"最近使用的文件"窗口。如果您已经在处理 Revit 任务了，则可以通过单击"视图"选项卡—"窗口"面板—"用户界面"下拉列表—"最近使用的文件"以返回此窗口。

"最近使用的文件"窗口最多会在"项目"下列出 5 个样板。项目样板为新项目提供了起点，定义了设置、样式和基本信息。样板可以简化项目设置、标准化项目文档，并确保遵守办公标准。

安装后，软件将列出一个或多个默认样板。但是，您或您的 BIM 管理员可以对列表进行修改或添加更多样板（图 1.2-1）。

图 1.2-1

文件的选项设置包括"常规""用户界面""图形""文件位置""渲染""检查拼写""SteeringWheels""Viewcube""宏"9 个不同的板块设置（图 1.2-2）。

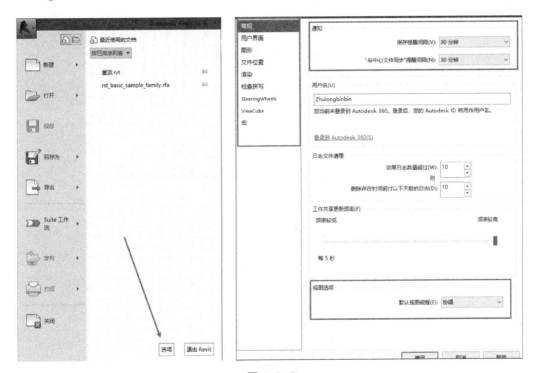

图 1.2-2

用户界面：设置选项以修改用户界面的行为（图 1.2-3）。

图形：控制图形和文字在绘图区域中的显示（图 1.2-4）。

文件位置：定义文件和目录的路径（图 1.2-5）。

渲染：提供有关在渲染三维模型时如何访问要使用的图像的信息（图 1.2-6）。

拼写和检查：设置"拼写检查"工具的选项（图 1.2-7）。

SteeringWheels：指定 SteeringWheels 视图导航工具的选项（图 1.2-8）。

ViewCube：指定 ViewCube 导航工具的选项（图 1.2-9）。

宏：定义用于创建自动化重复任务的宏的安全性设置（图 1.2-10）。

图 1.2-3

图 1.2-4

图 1.2-5

图 1.2-6

图 1.2-7

图 1.2-8

图 1.2-9

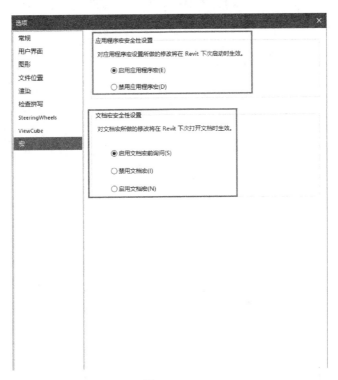

图 1.2-10

第 2 章 标高与轴网

2.1 标高

标高用来定义楼层层高及生成平面视图，但是标高不是必须作为楼层层高及添加楼层平面；标高作为楼层层高时代表的是此标高高度所在楼层平面，否则只是一个限制高度的平面。

软件中标高分为上标高、下标高、正负零标高，样式均可通过属性修改。本章节中，需要重点掌握标高的创建与修改，标高与平面视图的关系以及平面视图的生成。

本节学习目标：

（1）标高的绘制。

（2）标高的修改。

（3）楼层平面的添加。

2.1.1 修改自带标高

进入任意立面视图，通常样板中会有预设标高，如需修改现有标高高度，双击标高符号表示高度的数值，如"标高 2"高度数值"4.000"，双击后该数字变为可输入，将原有数值修改为"2.000"即可更改标高高度。标高单位为"m"，输入时小数点后的零可省略（图 2.1-1）。

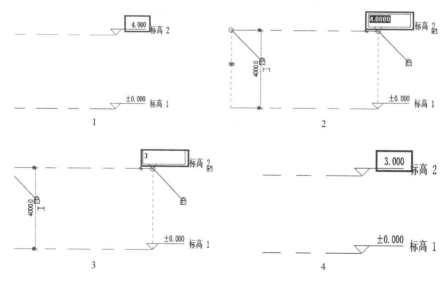

图 2.1-1

标高也可以通过修改标高间的距离来修改，选择要修改的标高，会在标高间显示临时标注，点击临时标注，进入编辑模式即可修改标高高度，如选择"标高 2"点击临时标注"4000"，改为"3000"即可修改"标高 2"高度。距离单位为"mm"（图 2.1-2）。

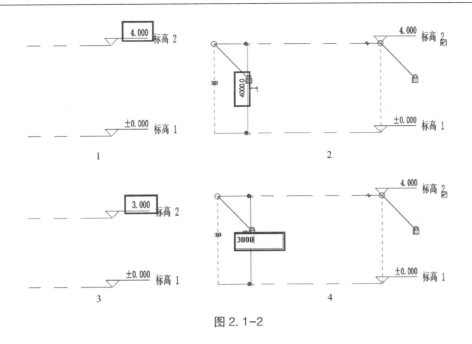

图 2.1-2

2.1.2　新建标高

新建标高时，在选项卡选择"标高"命令（图 2.1-3）。

图 2.1-3

绘制添加新标高，默认勾选"创建平面视图"，平面视图类型有"天花板平面"视图、"楼层平面"视图和"结构平面"视图，根据需求选择相应的视图，创建完成时会在项目浏览器自动添加相应的视图（图 2.1-4）。

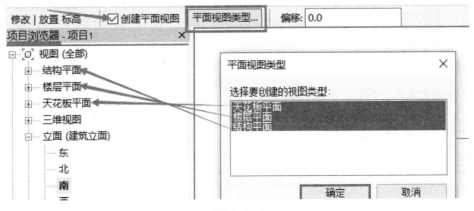

图 2.1-4

不勾选"创建平面视图"绘制的标高为参照标高，不会在项目浏览器里自动添加"天花板平面"视图、"楼层平面"视图和"结构平面"视图。

创建标高时，移动鼠标到已有标高左端上方，会有蓝色虚线与已有标高对齐并且有临时标注显示距离（图 2.1-5），此时通过上下移动鼠标确定新建标高与已有标高的距离并点击左键确定，或者直接输入距离（图 2.1-6）；移动鼠标到右端时，也会有蓝色虚线对齐提示（图 2.1-7），再次点击鼠标确认即可。也可不输入距离，在完成标高绘制后修改标高高度。

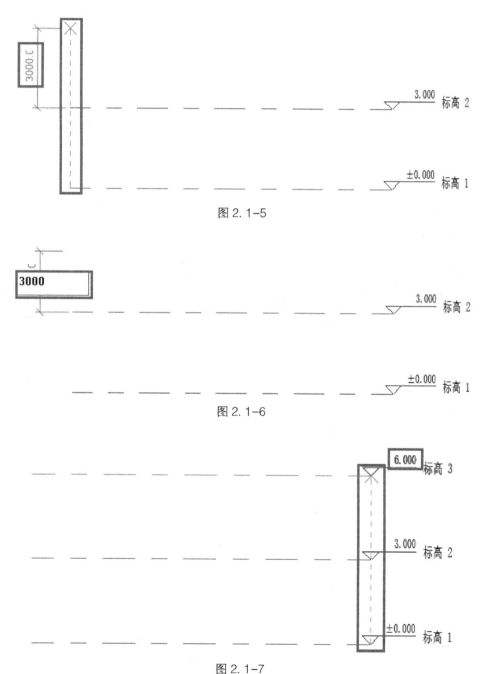

图 2.1-5

图 2.1-6

图 2.1-7

2.1.3　复制、阵列标高

选择任意标高，自动激活"修改 | 标高"选项卡，单击"修改"面板下的"复制"或"阵列"命令，可以快速生成所需标高（图 2.1-8）。

图 2.1-8

选择"标高 3"，单击功能区"复制"工具，选项栏勾选"多个"选项（图 2.1-9），光标回到绘图区域，在"标高 3"上单击，并向上移动，此时可直接在键盘输入新标高与"标高 3"的间距数值如"3000"，单位为"mm"（图 2.1-10），输入后回车，完成一个标高的复制，由于勾选了选项栏"多个"，可继续输入下一标高间距，而无须再次选择标高并激活"复制"工具。完成标高的复制，按键盘上的 Esc 键结束复制命令。

图 2.1-9

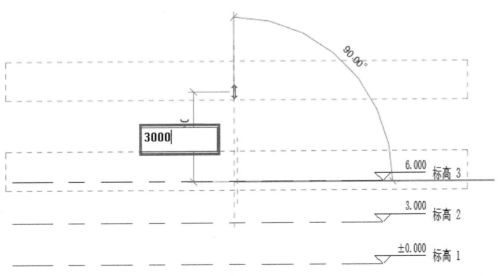

图 2.1-10

也可不输入距离，任意距离点击鼠标，在完成标高绘制后修改标高高度。

用"阵列"的方式绘制标高，可一次绘制多个间距相等的标高，此种方法适用于高层建筑。选择"标高4"，光标移动至"功能区"单击"阵列"工具，取消勾选"成组并关联"，输入项目数为"5"（图2.1-11），回到绘图区，在"标高4"上单击，并向上移动，此时可直接在键盘输入新标高与"标高4"间距数值如"3000"，单位为"mm"（图2.1-12），输入后回车，完成"标高5"到"标高8"的绘制（图2.1-13）。应该注意的是，阵列项目数包含被阵列标高本身。

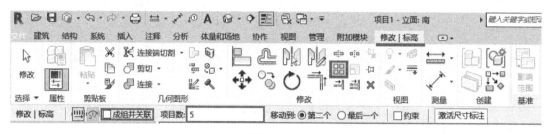

图 2.1-11

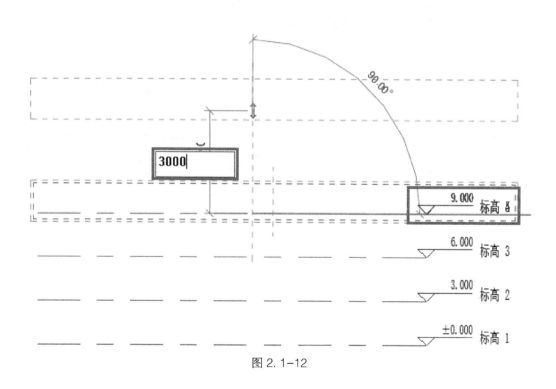

图 2.1-12

2.1.4　为复制或阵列的标高添加楼层平面

观察"项目浏览器"中的"楼层平面"下的视图（图2.1-14），通过复制及阵列方式创建的标高均未生成相应平面视图；同时观察立面图，有对应楼层平面的标高标头为蓝色，没有对应楼层平面的标头为黑色，因此双击蓝色标头，视图将跳转至相应平面视图，而黑色标高不能引导跳转视图。

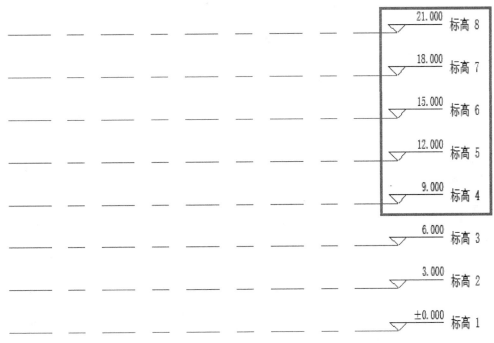

图 2. 1-13

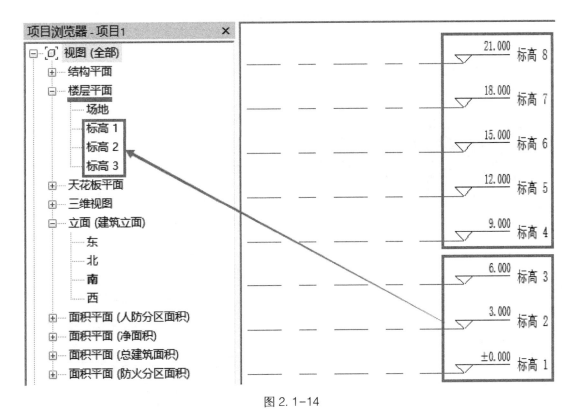

图 2. 1-14

为复制或阵列标高添加楼层平面：

切换到"视图"选项卡，选择"平面视图"下的"楼层平面"（图 2.1-15）。

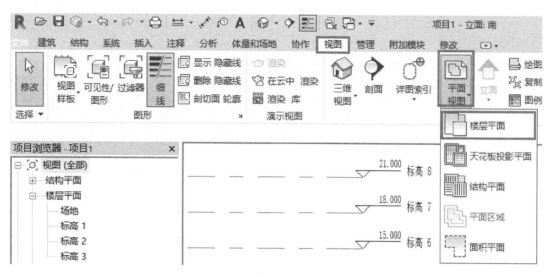

图 2.1-15

在弹出的"新建楼层平面"对话框中选择全部标高，点击"确定"，所有标高已创建相应的楼层平面并自动跳转到最后一个标高对应的楼层平面"标高 8"（图 2.1-16）。

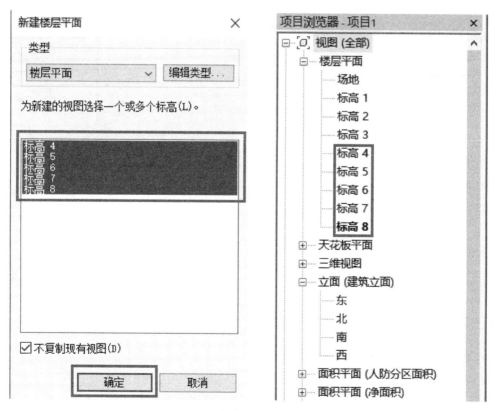

图 2.1-16

2.1.5　标高标头的修改

在标高中，常用到不同的标头，正负零标高只有一个用来定位基准面，上下标头根据具体情况灵活运用，避免标高过密时重叠（图 2.1-17）。

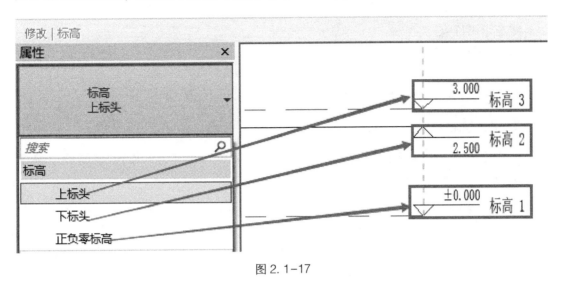

图 2.1-17

2.1.6　标高进阶

在属性栏中可以实现建筑标高和结构标高的互相修改，并且同时存在建筑标高和结构标高。一般情况下，建筑标高要比结构标高高 50mm 或 100mm（图 2.1-18）。

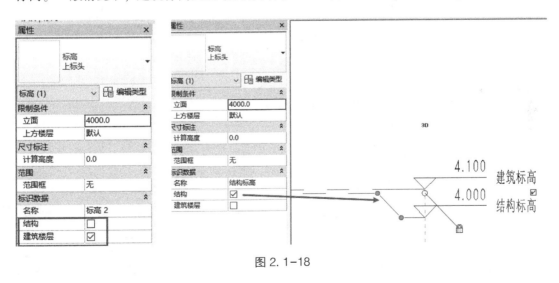

图 2.1-18

2.2　轴网

在绘制建筑平面图之前，我们要先画轴网。是由建筑轴线组成的网，是人为地在建筑图纸中为了标示构件的详细尺寸，按照一般的习惯标准虚设的，习惯上标注在对称界面或截面构件的中心线上。

轴网分直线轴网、斜交轴网和弧线轴网。轴网由定位轴线（建筑结构中的墙或柱的中心线）和轴号组成。轴网是建筑制图的主体框架，建筑物的主要支撑构件按照轴网定位排列，达到井然有序。

本节学习目标：

（1）轴网的绘制。

（2）轴网的修改。

（3）影响范围的灵活使用。

2.2.1 新建轴网

在"建筑"选项卡选择"基准"面板下的"轴网"（图 2.2-1），在属性中选择"6.5mm 编号"（图 2.2-2）。

图 2.2-1

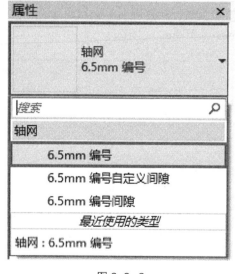

图 2.2-2

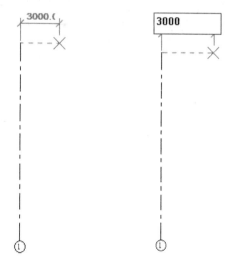

图 2.2-3

单击起点、终点位置，绘制一根轴线，轴网的轴号为 1。与绘制标高类似，绘制新轴网时会有蓝色虚线与已有轴网对齐并显示距离，此时可移动鼠标或输入距离确定新轴网（图 2.2-3），后续轴号按 1、2、3…自动排序，且删除轴网后轴号不会自动更新，如删除轴号为"3"的轴网，绘制时轴号将变为"4"，轴号"3"不会再次出现，需要点击轴号"4"输入"3"，之后会在"3"的基础上继续自动排序。

横向轴网轴号为字母，软件不会自动调整，绘制第一根横向轴网后双击轴网轴号把数字改为字母"A"（图 2.2-4），后续编号将按照 A、B、C…自动排序，软件不能自动排除"I""O""Z"字母，需手动改为下一个字母。

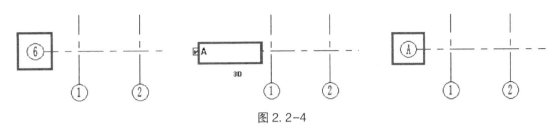

图 2.2-4

2.2.2　复制、阵列轴网

选择任意轴网，自动激活"修改 | 轴网"选项卡，单击"修改"面板下的"复制"或"阵列"命令，可以快速生成所需轴网（图 2.2-5）。

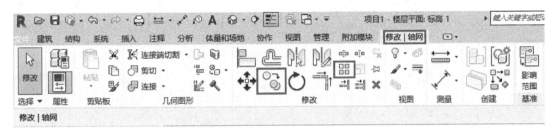

图 2.2-5

选择横向轴网"A"，单击功能区"复制"工具，选项栏勾选"多个"选项（图 2.2-6），光标回到绘图区域，在轴网"A"上单击，并向上移动，此时可直接在键盘输入新轴网与轴网"A"的间距数值如"3000"，单位为"mm"（图 2.2-7），输入后回车，完成一个轴网的复制，由于勾选了选项栏"多个"，可继续输入下一轴网间距，而无须再次选择轴网并激活"复制"工具。完成轴网的复制，按键盘上的 Esc 键结束复制命令。

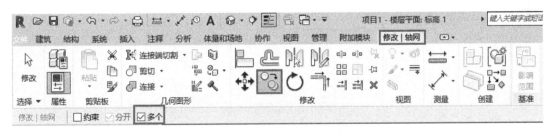

图 2.2-6

也可不输入距离，任意距离点击鼠标，在完成轴网绘制后修改轴网间距离。

用"阵列"的方式绘制轴网，可一次绘制多个间距相等的轴网。选择轴网"B"，光标移动至"功能区"单击"阵列"工具，取消勾选"成组并关联"，输入项目数为"5"（图 2.2-8），回到绘图区，在轴网"B"上单击，并向上移动，此时可直接在键盘输入新

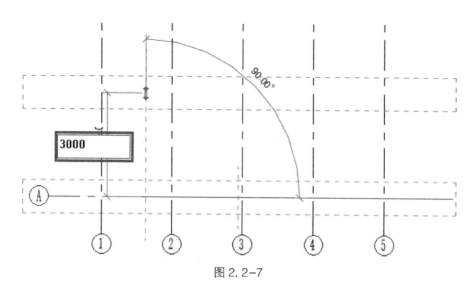

图 2.2-7

轴网与轴网 "B" 间距数值如 "3000"，单位为 "mm"（图 2.2-9），输入后回车，完成轴网 "B" 到轴网 "F" 的绘制（图 2.2-10）。应该注意的是，阵列项目数包含被阵列轴网本身。

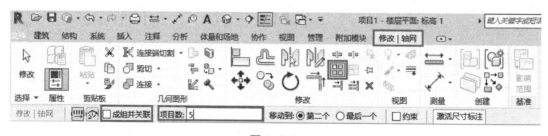

图 2.2-8

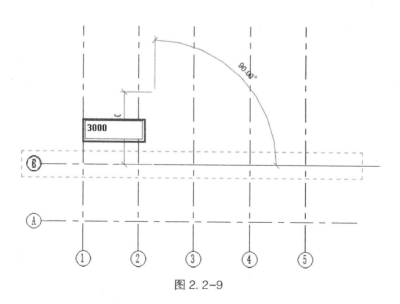

图 2.2-9

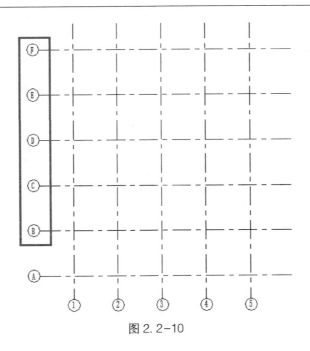

图 2.2-10

2.2.3　轴网间尺寸修改

选择任一轴网，会出现蓝色临时尺寸（图 2.2-11），点击数字修改数值即可调整轴网位置（图 2.2-12），轴网不在最外侧时有两个临时尺寸，两个临时尺寸数值相加保持不变（图 2.2-13），不管修改哪个数值都只能调整选中轴网的位置。

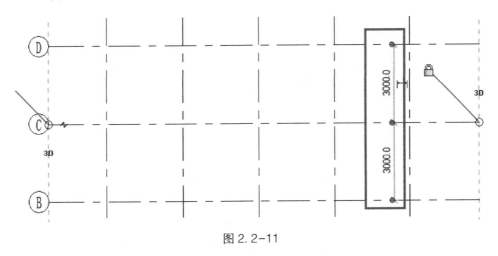

图 2.2-11

2.2.4　轴网属性修改

选择任一轴网，在属性面板点击"编辑类型"，打开"编辑类型"对话框（图 2.2-14），对轴号端点的显示情况进行修改。"端点 1"对应轴网绘制起点，"端点 2"对应轴网绘制终点，如轴网从上往下画，"端点 1"控制轴网上端轴号，"端点 2"控制轴网下端轴号。勾选状态为轴号显示，设置完成点击"确认"即可（图 2.2-15）。

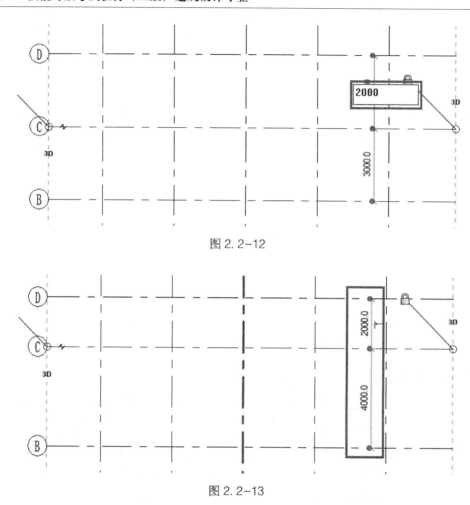

图 2.2-12

图 2.2-13

图 2.2-14

如需单独修改其中一根轴网的轴号端点显示状态，选中该轴网，在轴网两端各有一个方框，勾选状态为轴号端点显示（图 2.2-16）。

选择任一轴网，在属性面板点击"编辑类型"，打开"编辑类型"对话框，对轴网中段的显示情况进行修改。"连续"如图 2.2-17 所示，"无"如图 2.2-18 所示。

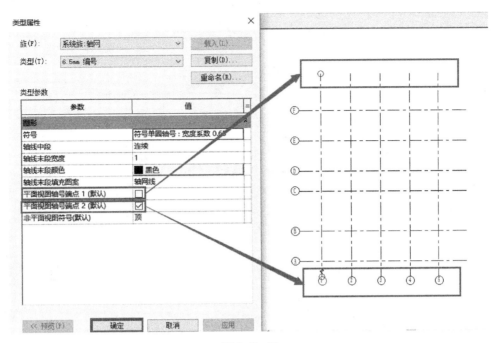

图 2. 2-15

图 2. 2-16

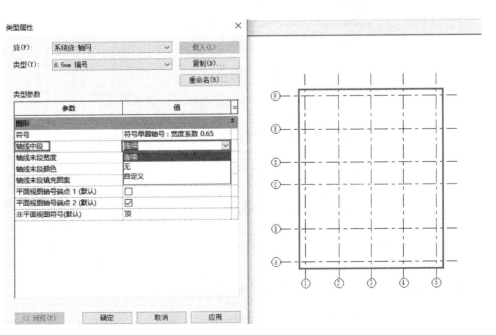

图 2. 2-17

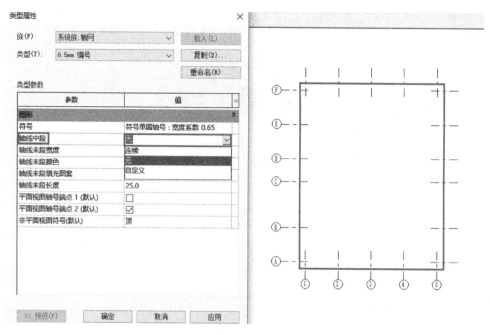

图 2.2-18

如轴网既有连续显示，又有中间断开，则需要用两个不同的轴网类型。选择中间需要断开的轴网，在属性里点击"6.5mm 编号"（图 2.2-19），在下拉菜单点击"6.5mm 编号间隙"更改（图 2.2-20）。

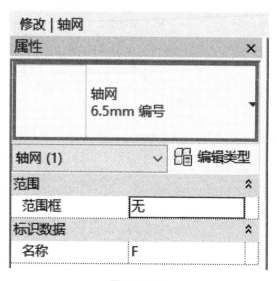

图 2.2-19

2.2.5 轴头解锁单独移动与 3D/2D 切换修改轴网

对齐绘制的轴网默认是锁定状态，鼠标摁住轴号与轴网相交处的圆圈移动任一轴网轴头，与之对齐的轴网会跟随一起移动（图 2.2-21），如需单独修改其中一根轴网，需选中

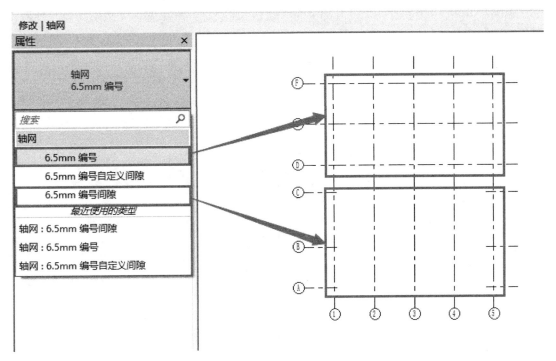

图 2.2-20

此轴网点击"小锁"解锁后方可单独移动（图 2.2-22）。

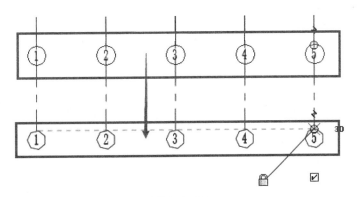

图 2.2-21

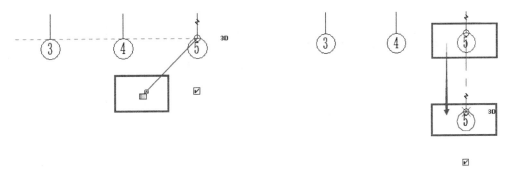

图 2.2-22

　　轴网在 Revit 中代表着一个竖着的平面，默认 3D 状态，意味着在任意层高修改轴网，其他层高轴网会有相同的修改（图 2.2-23）。

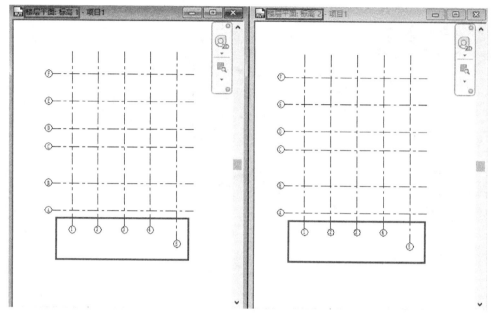

图 2.2-23

　　如果只想修改当前层高，需把 3D 切换到 2D（图 2.2-24），此时再次修改轴网只有当前楼层改变（图 2.2-25）。

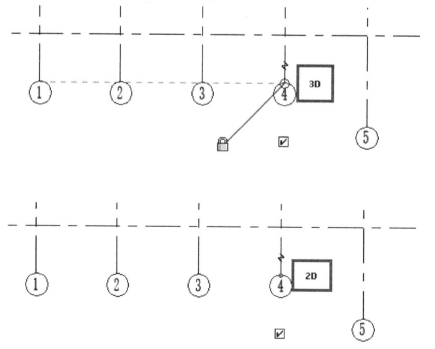

图 2.2-24

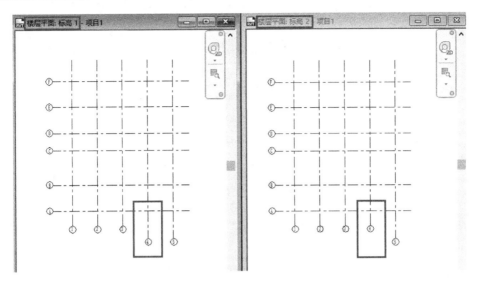

图 2.2-25

2.2.6　轴网轴号偏移

当两根轴网距离过近时，轴号会发生重叠，需要把轴号进行偏移。点击轴号附近的"添加弯头"符号（图 1.2-26），鼠标摁住蓝色圆点拖拽轴号位置（图 1.2-27）。

图 2.2-26　　　　　　　　　　　　图 2.2-27

2.2.7　多段线绘制轴网

当遇到折线或多段轴网时，需要使用轴网中的"多段"命令（图 2.2-28），点击命令后进入绘制草图界面，绘制所需轴网并点击"完成"（图 2.2-29）。注意：一次只能绘制一根轴网，绘制完一根后再次点击"多段"命令进行第二根轴网的绘制。

图 2.2-28

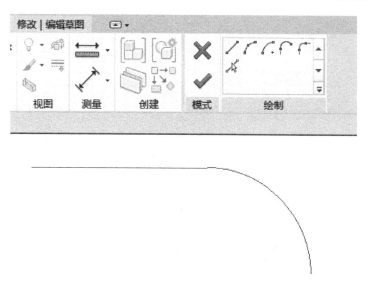

图 2.2-29

2.2.8　影响范围

在 Revit 中，轴网某些修改如轴号偏移、2D 模式修改等只修改当前楼层轴网（图 2.2-30），如需所有楼层改为相同样式，可以使用影响范围直接修改，无须一层一层修改。选择已修改轴网，在"修改 | 轴网"选项卡点击"影响范围"（图 2.2-31），在弹出的对话框中选择需要修改的楼层，如"楼层平面：标高 2"（图 2.2-32），点击确定，"楼层平面：标高 2"中轴网修改为与标高 1 一致（图 2.2-33）。

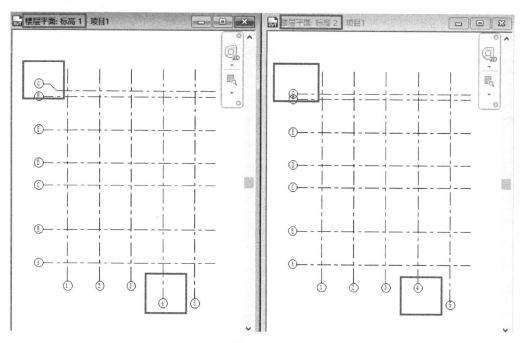

图 2.2-30

图 2.2-31

影响基准范围

对于选定的基准，将此视图的范围应用于以下视图：

☐天花板投影平面: 标高 1
☐天花板投影平面: 标高 2
☑楼层平面: 场地
☑楼层平面: 标高 2
☐面积平面 (人防分区面积): 标高 1
☐面积平面 (人防分区面积): 标高 2
☐面积平面 (净面积): 标高 1
☐面积平面 (净面积): 标高 2
☐面积平面 (总建筑面积): 标高 1
☐面积平面 (总建筑面积): 标高 2
☐面积平面 (防火分区面积): 标高 1
☐面积平面 (防火分区面积): 标高 2

☐仅显示与当前视图具有相同比例的视图

图 2.2-32

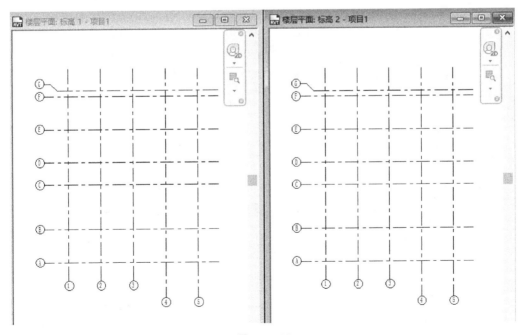

图 2.2-33

2.2.9 轴网进阶

对轴网单圈轴号的修改，包括单圈轴号的宽度系数，轴圈的大小，文字的字体形式，字号大小，粗体，斜体设置（图 2.2-34）。

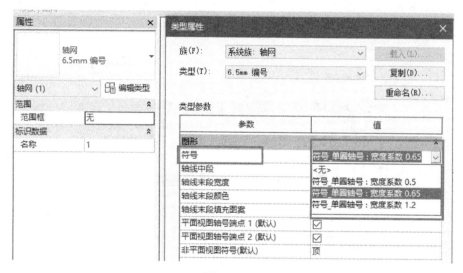

图 2.2-34

单圈轴号的修改在项目浏览器—族—注释符号—符号_单圈符号，右键编辑符号单圈符号，点选一个单圈可以编辑类型、单圈线宽等（图 2.2-35~图 2.2-37）。

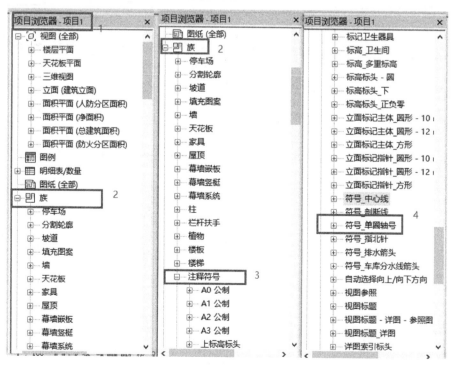

图 2.2-35

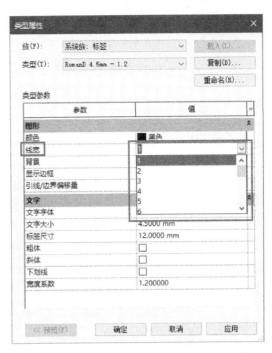

图 2.2-36

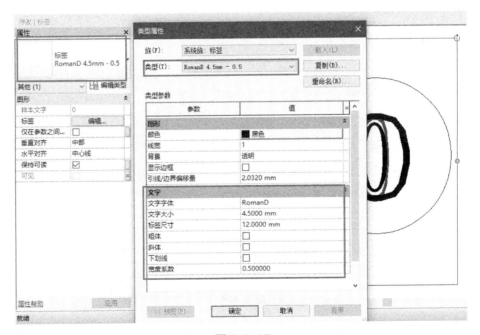

图 2.2-37

第 3 章　柱、梁

3.1　柱

柱是建筑物中垂直的主要结构件，承托在它上方物件的重量。

在中国建筑中，横梁直柱，柱阵列负责承托梁架结构及其他部分的重量，如屋檐，在主柱与地基间，常建有柱础。另外，也有其他较小的柱，不置于地基之上，而是置于梁架上，以承托上方物件的重量，再透过梁架结构，把重量传至主柱之上。

按截面形式分为方柱、圆柱、管柱、矩形柱、工字形柱、H 形柱、T 形柱、L 形柱、十字形柱；按所用材料可分为石柱、砖柱、砌块柱、木柱、钢柱、钢筋混凝土柱、劲性钢筋混凝土柱、钢管混凝土柱和各种组合柱。

本节学习目标：

（1）柱与斜柱的绘制。

（2）柱的属性修改。

（3）轴网处快速布置柱。

3.1.1　柱的创建

在建筑选项卡下拉菜单点击"结构柱"（图 3.1-1）或结构选项卡直接点击"柱"（图 3.1-2），进入柱的创建。

图 3.1-1

图 3.1-2

　　建筑样板自带柱的类型只有工字钢，需要载入所需柱的类型，在"属性面板"点击"编辑类型"，在弹出的对话框中点击"载入"，再次弹出对话框，选择"结构"文件夹（图 3.1-3），按"结构—柱—混凝土"的顺序打开混凝土柱文件夹，选择"混凝土—矩形—柱"并打开（图 3.1-4）。

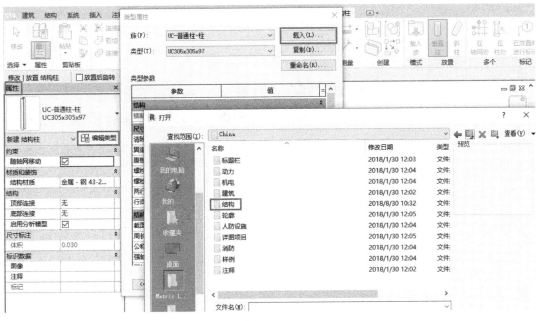

图 3.1-3

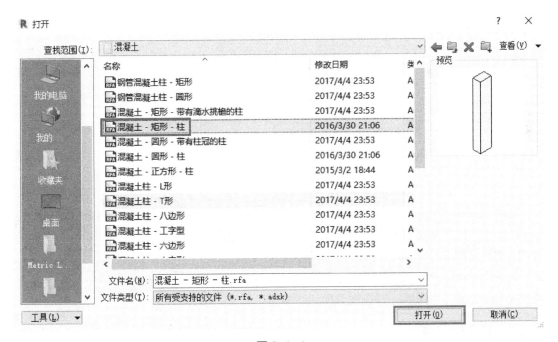

图 3.1-4

载入的柱只有一个默认尺寸，需要按所需柱子尺寸进行创建，点击"复制"按钮，在弹出的对话框中以尺寸命名新创建的柱（图 3.1-5），在尺寸标注中修改柱的尺寸并"确定"（图 3.1-6）。

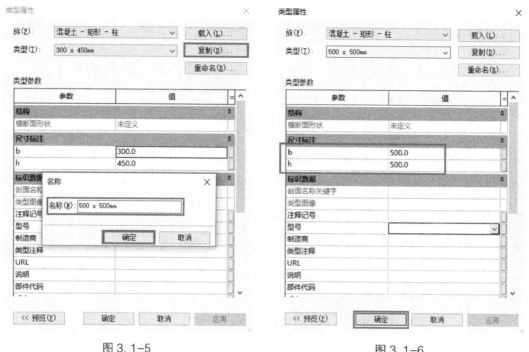

图 3.1-5　　　　　　　　　　　　　图 3.1-6

尺寸设置好之后，选择"垂直柱"，"深度"改为"高度"，"未连接"改为"标高 2"，创建的柱则为"标高 1"到"标高 2"（图 3.1-7）。

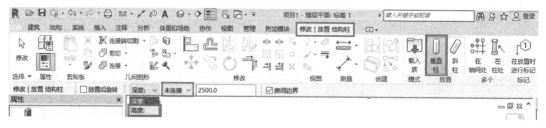

图 3.1-7

在任意立面点击柱，在属性面板约束中可以对柱的底部和顶部位置进行二次修改，"底部标高"与"底部偏移"修改柱的底部位置，"顶部标高"与"顶部偏移"修改柱的顶部位置，正数向上偏移，负数向下偏移（图 3.1-8）。

柱的材质默认为"混凝土"，如需修改，在属性面板点击结构材质靠后位置，弹出材质浏览器对话框，"图形"对应视觉样式"着色"状态（图 3.1-9）。

3.1.2　斜柱的创建

如需放置斜柱，选择"柱"命令后，在修改选项卡选择"斜柱"，"第一次单击"设

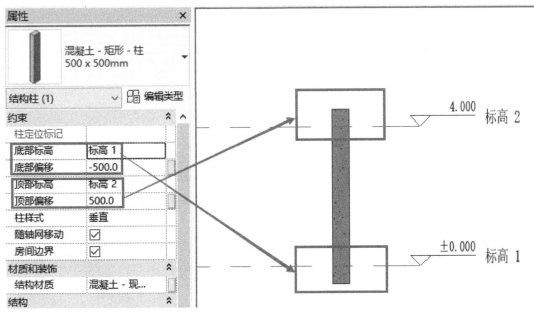

图 3.1-8

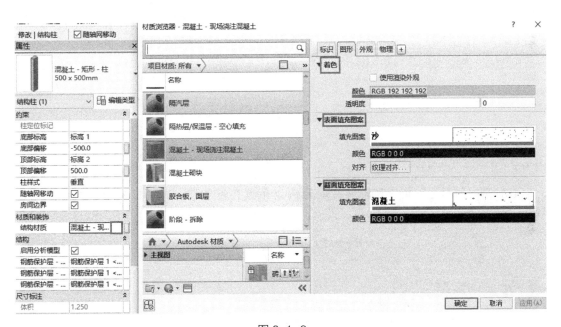

图 3.1-9

置为"标高1","第二次单击"设置为"标高2"（图3.1-10）。在绘图区依次点击柱底与柱顶，完成斜柱绘制。

在任意立面选择柱，属性面板"约束"修改柱的底部与顶部位置，在"构造"命令中可以修改斜柱端头截面样式，默认为"垂直于轴网"，可调整为"水平"（图3.1-11）或"垂直"。

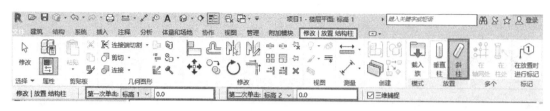

图 3.1-10

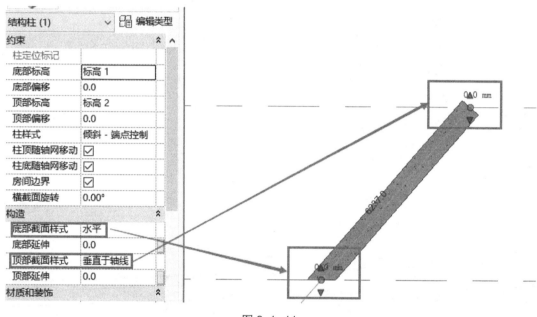

图 3.1-11

3.1.3 在轴网处布置柱

在轴网的基础上，可以在轴网相交处快速布置大量的柱，选择柱命令，点击"垂直柱"、"在轴网处"（图 3.1-12）。

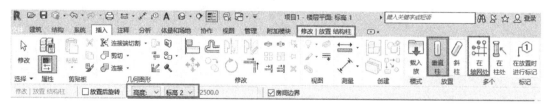

图 3.1-12

框选需要选择的轴网，选中为亮显状态（图 3.1-13）。选择完成时会有柱放置位置虚拟提示，点击"完成"才能完成柱的放置（图 3.1-14）。

3.1.4 柱的进阶

对于柱的进阶主要在结构柱的部分，包括梯形柱，L 形柱等异形柱的绘制，需要了解

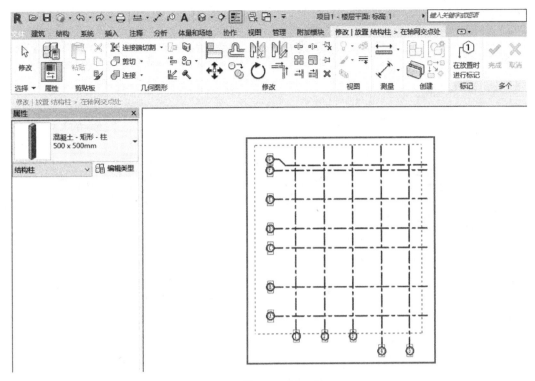

图 3.1-13

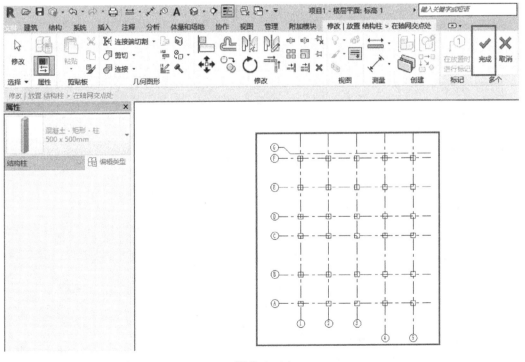

图 3.1-14

其内在的族参数进行把控（图 3.1-15~图 3.1-18）。

图 3.1-15

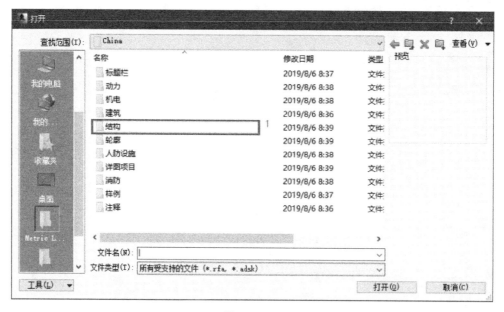

图 3.1-16

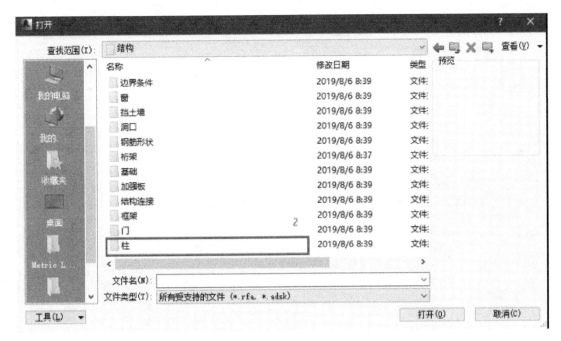

图 3.1-17

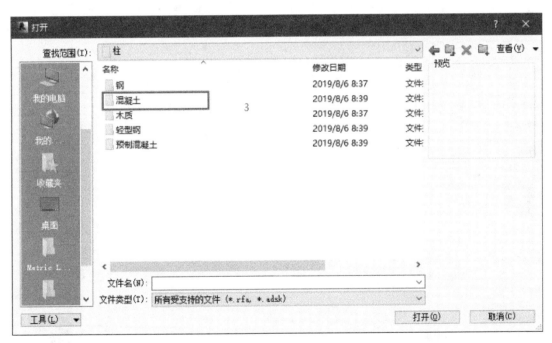

图 3.1-18

首先载入异形柱，然后进入族编辑状态，查看族参数（图 3.1-19）。

载入项目后，设置相应高度，双击进入族编辑器（图 3.1-20、图 3.1-21）。

查看族参数，通过调节参数值，控制模型形状（图 3.1-22）。

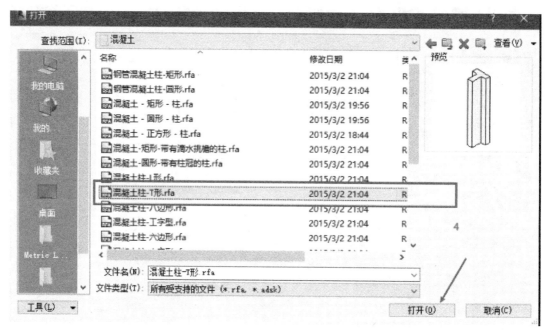

图 3.1-19

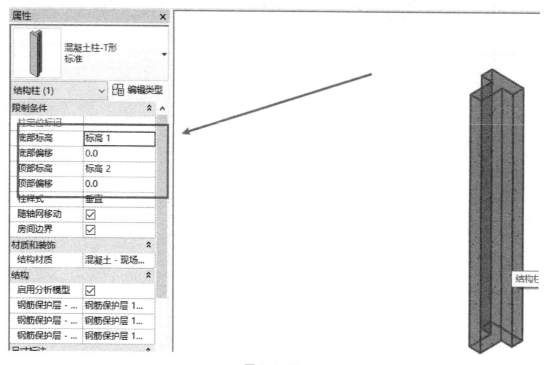

图 3.1-20

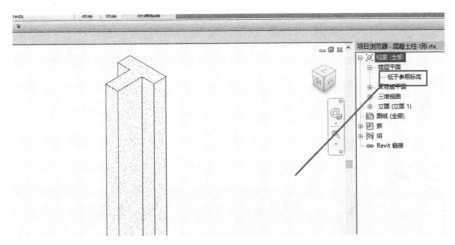

图 3.1-21

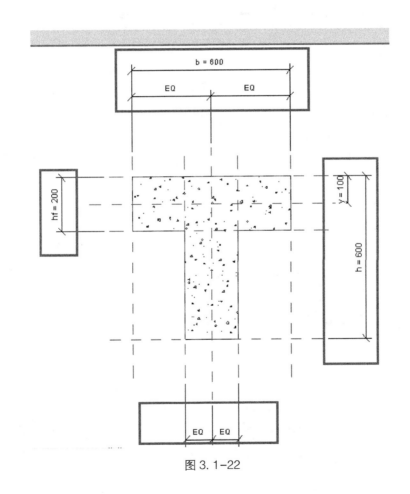

图 3.1-22

3.2　梁

梁承托着建筑物上部构架中的构件及屋面的全部重量，是建筑上部构架中最为重要的部分。由支座支承，承受的外力以横向力和剪力为主，以弯曲为主要变形的构件称为梁。依据梁的具体位置、详细形状、具体作用等的不同有不同的名称。大多数梁的方向，都与建筑物的横断面一致。

本节学习目标：

（1）梁的绘制。

（2）梁的属性修改。

（3）轴网处快速布置梁。

3.2.1 梁的创建

梁系统只在结构系统中有，在结构选项卡直接点击"梁"（图3.2-1），进入梁的创建。

图 3.2-1

软件自带梁的类型只有"H 型钢"，需要载入所需梁的类型，在"属性面板"点击"编辑类型"，在弹出的对话框中点击"载入"，再次弹出对话框，选择"结构"文件夹（图3.2-2），按"结构—框架—混凝土"的顺序打开混凝土梁文件夹，选择"混凝土—矩形梁"并打开（图3.2-3）。

梁的尺寸创建与柱一样，复制新梁并修改所需尺寸。

图 3.2-2

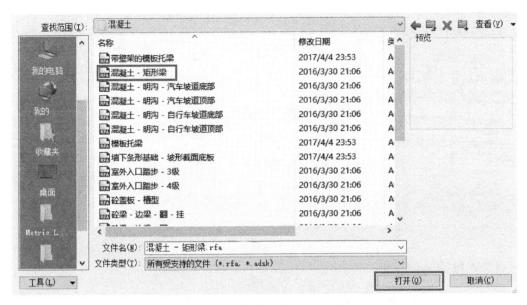

图 3.2-3

梁的创建需要绘制梁的路径，既可以是直线，也可以是弧线（图 3.2-4），梁默认的高度是当前标高底部向下，所以在绘制一层的梁时需要在标高 2 进行绘制，绘制完成如图 3.2-5 所示。

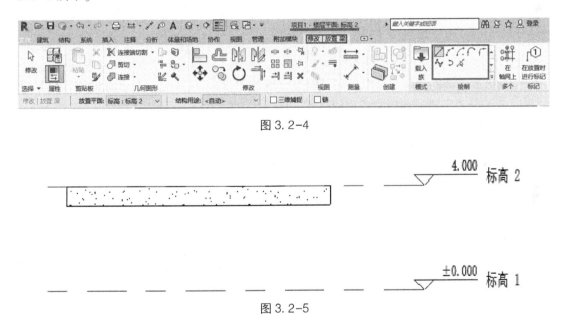

图 3.2-4

图 3.2-5

3.2.2　斜梁的创建

斜梁没有直接创建的命令，首先按平梁绘制，在立面或三维选择绘制好的梁，属性框"约束"中，"起点标高偏移"与"终点标高偏移"对应绘制梁的起点与终点，输入相应数值进行高度调整，正数向上偏移，负数向下偏移（图 3.2-6）。

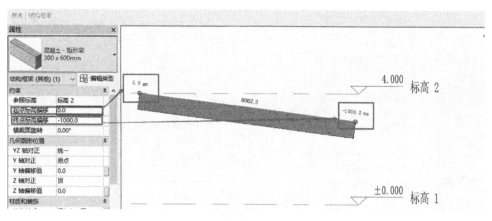

图 3.2-6

3.2.3 在轴网处创建梁

在轴网的基础上，可以快速布置大量的梁，选择"梁"命令，点击"在轴网上"命令（图 3.2-7）。

图 3.2-7

框选需要选择的轴网，选中为亮显状态（图 3.2-8）。选择完成时会有梁放置位置虚拟提示，点击"完成"才能完成梁的放置（图 3.2-9）。

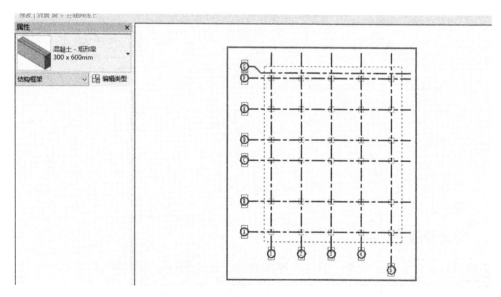

图 3.2-8

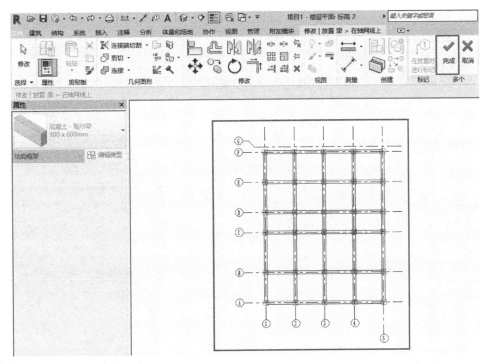

图 3.2-9

3.2.4 梁的进阶

梁的考查主要是结构部分，此部分就以结构梁为主。

（1）首先，关于梁的体积计算，在连接柱的时候，会发生剪切，从而不影响体积的计算。

在建筑选项卡下，点击"柱"—"结构柱"命令，然后编辑类型属性，载入混凝土结构柱（图 3.2-10~图 3.2-13）。

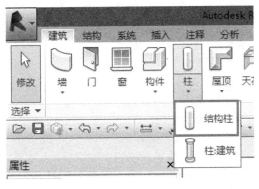

图 3.2-10

在标高 1 楼层平面视图放置，然后用同样的方法绘制梁（图 3.2-14）。

在标高 1 绘制梁，绘制的过程以左侧柱的右边为起点绘制，绘制一定的长度（图 3.2-15）。

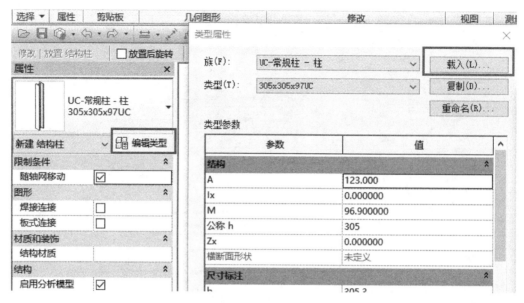

图 3.2-11

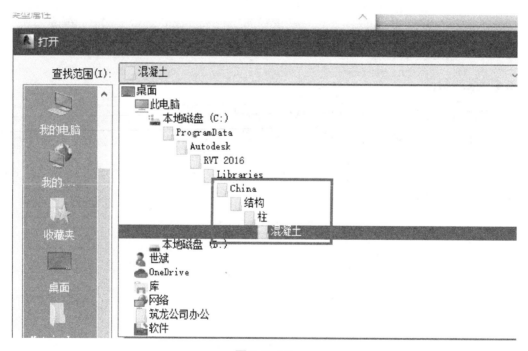

图 3.2-12

然后将梁左侧起点拖至左侧柱的中心，会发现柱和梁自动剪切，由于梁的外露长度没变，所以体积没有发生变化（图 3.2-16）。

（2）对于梁的族的修改，双击梁进入编辑状态，可以自己添加其他构件，进入参考平面视图，进行修改（图 3.2-17）。

通过族的创建，进行拉伸等命令操作（图 3.2-18）。

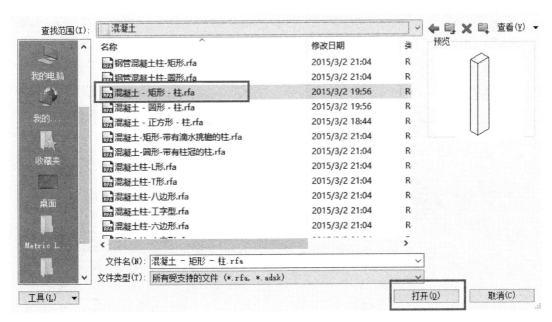

图 3.2-13

图 3.2-14

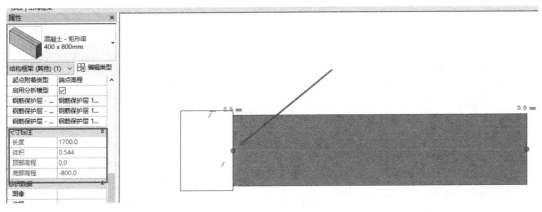

图 3.2-15

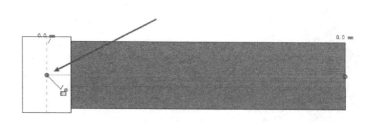

图 3.2−16

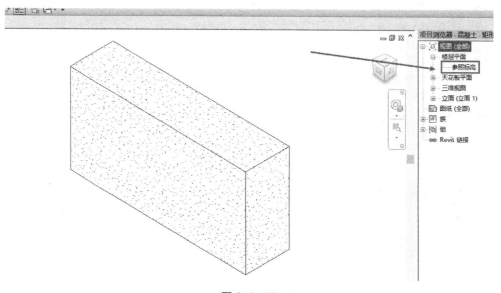

图 3.2−17

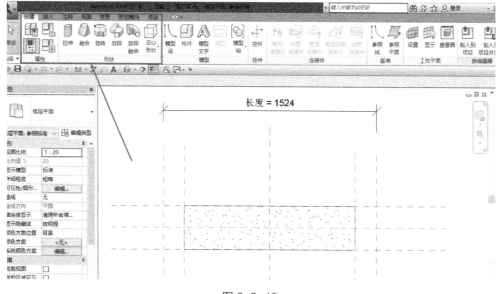

图 3.2−18

　　创建拉伸，自己绘制随意拉伸轮廓，点击对勾完成绘制并载入项目，项目中的即被替换（图 3.2-19~图 3.2-21）。

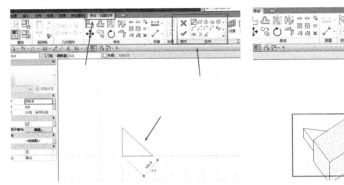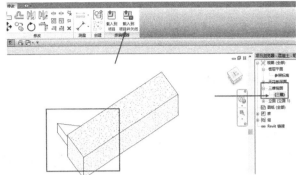

图 3.2-19

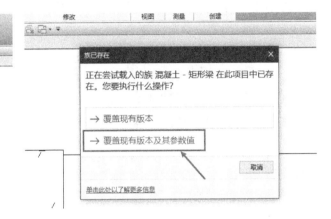

图 3.2-20

图 3.2-21

第4章　楼　板

4.1　创建楼板

板式楼板是将楼板现浇成一块平板，四周直接支承在墙上，这种楼板称为板式楼板。板式楼板的底面平整，便于支模施工。楼板层中的承重部分，它将房屋垂直方向分隔为若干层，并把人和家具等竖向荷载及楼板自重通过墙体、梁或柱传给基础。

点击楼板命令后，会进入编辑界面，绘制楼板轮廓，点击"完成"命令才能完成楼板绘制，在本节中需要掌握楼板的绘制并灵活使用。

本节学习目标：

（1）楼板的创建及属性修改。

（2）楼板编辑轮廓修改及开洞。

（3）厨房、卫生间降板处理。

（4）修改子图元的灵活使用。

4.1.1　拾取墙与绘制生成楼板

点击"建筑"选项卡下"楼板"命令，进入绘制轮廓草图模式。此时自动跳转到"修改 | 创建楼层边界"选项卡，单击"绘制"面板下的"拾取墙"命令，在选项栏中勾选"延伸到墙中（至核心层）"，使用 Tab 键切换选择，可一次选中所有外墙，单击生成楼板边界，如出现交叉线条，使用"修剪"命令编辑成封闭楼板轮廓。或者单击"线"命令，用线绘制工具绘制封闭楼板轮廓。完成草图后，单击"完成楼板"创建楼板（图 4.1-1）。

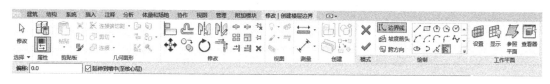

图 4.1-1

在提示对话框中，单击"是"可以将高达此楼层标高的墙附着到此楼层的底部，为了美观，可以选择"否"，外墙则为连续（图 4.1-2）。

图 4.1-2

绘制楼板可以生成任意形状的楼板（图 4.1-3）。

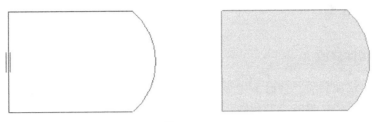

图 4.1-3

楼板会与墙体发生约束关系，墙体移动楼板会随之发生相应变化。如图 4.1-4 所示，当墙体移动时楼板随墙体移动。

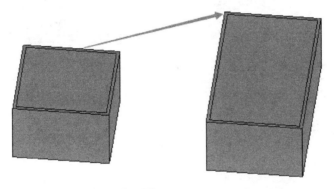

图 4.1-4

4.1.2　斜楼板的绘制

坡度箭头：在绘制楼板草图时，用"坡度箭头"命令绘制坡度箭头，选择坡度单击"属性"命令，设置"尾高"或"坡度"值，确定，完成绘制（图 4.1-5）。

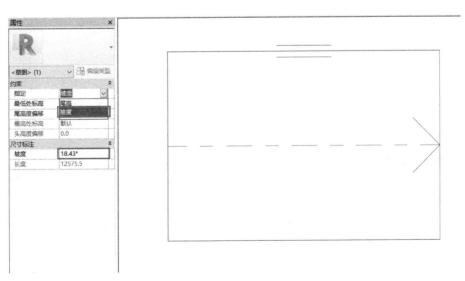

图 4.1-5

4.2 楼板的编辑

4.2.1 图元属性修改

选择楼板，自动激活"修改｜楼板"选项卡，单击"编辑类型"命令，打开"类型属性"对话框，编辑楼板的类型属性，可以创建新的楼板类型，如：混凝土、地砖、木地板楼面等（图4.2-1）。

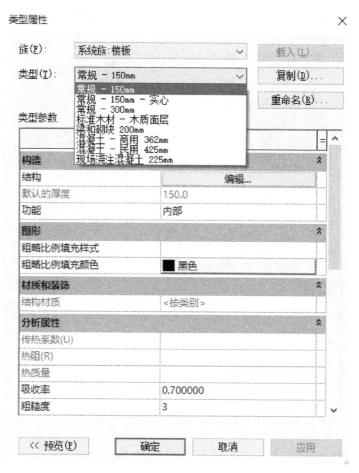

图 4.2-1

楼板构造层设置（图4.2-2）。

4.2.2 楼板洞口

选择楼板，单击"编辑"面板下的"编辑边界"命令，进入绘制楼板轮廓草图模式，或在创建楼板时，在楼板轮廓以内直接绘制洞口闭合轮廓，完成绘制（图4.2-3）。

也可用"修改"选项卡"编辑几何图形"面板下，"洞口"命令下拉箭头，选择适宜的洞口命令"面洞口""墙洞口""垂直洞口""竖井洞口""老虎窗洞口"，绘制封闭轮

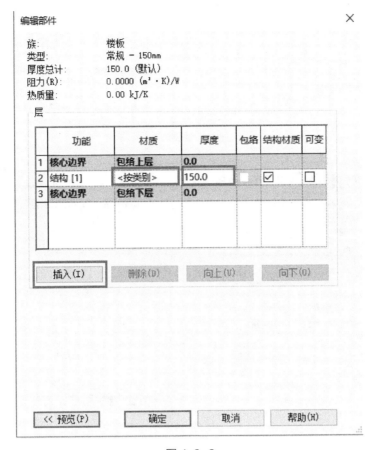

图 4.2-2

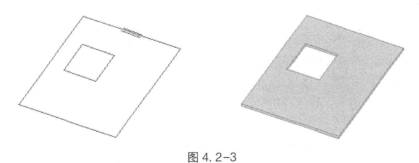

图 4.2-3

廓创建洞口。

4.2.3 复制楼板

选择楼板，自动激活"修改 | 楼板"选项卡，"剪贴板"面板下"复制"命令，复制到剪贴板（图 4.2-4），单击"修改"选项卡"剪贴板"面板下"粘贴—与选定标高"命令，选择目标标高名称，楼板自动复制到所有楼层（图 4.2-5）（对齐粘贴的应用，可用于需要复制的任意对象）。

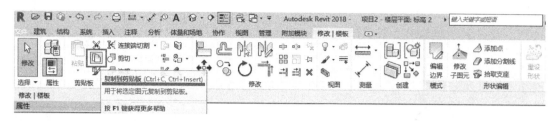

图 4.2-4

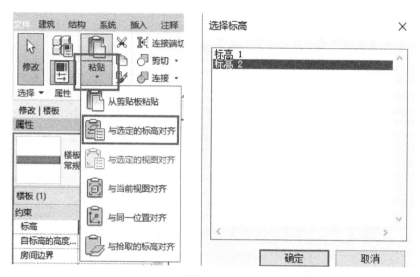

图 4.2-5

4.3 楼板边

　　单击"常用"选项卡下"构建"面板中的"楼板"的下拉按钮，下有"楼板：建筑""楼板：结构""面楼板""楼板：楼板边"四个命令。

　　添加楼板边缘：选择"楼板：楼半边"命令，单击需要添加楼板边缘的楼板，完成添加（图 4.3-1）。小箭头可对内外进行调整。

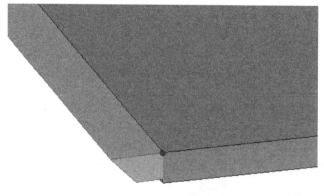

图 4.3-1

选择添加的楼板边缘，可以在"属性"对话框中修改"垂直轮廓偏移"与"水平轮廓偏移"等数值，单击"编辑类型"按钮，可以在弹出的"类型属性"对话框中，修改楼板边缘的"轮廓"（图 4.3-2）。

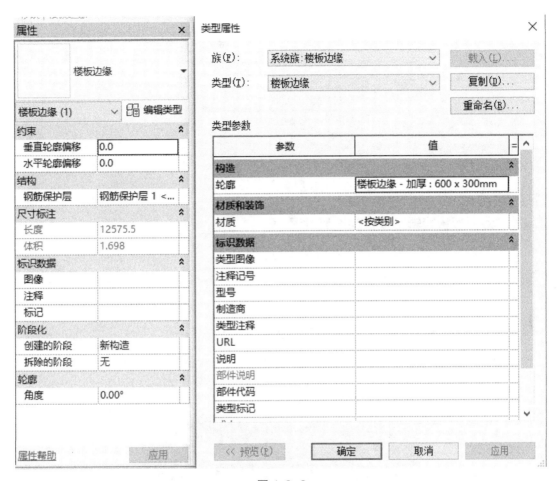

图 4.3-2

4.4 楼板的进阶

4.4.1 创建阳台、雨篷与卫生间楼板

创建阳台、雨篷时使用"楼板"工具，在绘制完成后，然后单击"属性"工具，"约束"下"自标高的高度偏移"一栏中修改偏移值（图 4.4-1）。

卫生间的楼板绘制与室内其他区域的楼板绘制是分开的。

在绘制好卫生间楼板后，因为卫生间的楼板一般是低于室内其他区域高度的，所以卫生间楼板需要设置楼板的偏移值，设置方法同上。

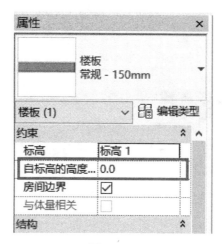

图 4.4-1

4.4.2 楼板形状编辑、楼板找坡层设置

选择楼板，点击自动弹出的"修改｜楼板"选项卡，单击"修改子图元"工具，楼板进入点编辑状态（图 4.4-2）。

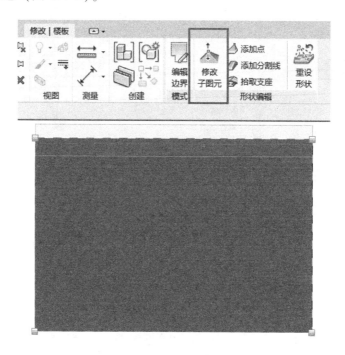

图 4.4-2

单击"添加点"工具，然后在楼板需要添加控制点的地方单击，楼板将会增加一个控制点。单击"修改子图元"工具，再单击需要修改的点，在点的右上方会出现一个数值（图 4.4-3），该数值表示偏离楼板的相对标高的距离，可以通过修改其数值使该点高出或低于楼板的相对标高。

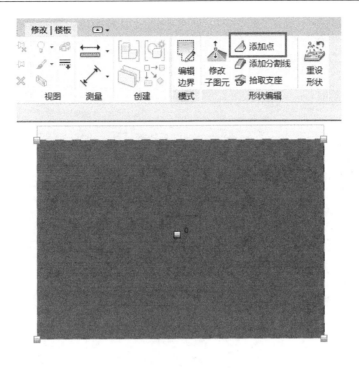

图 4.4-3

　　"形状编辑"面板中还有"添加分割线"、"拾取支座"和"重设形状"。"添加分割线"命令可以将楼板分为多块,以实现更加灵活的调节(图 4.4-4)。

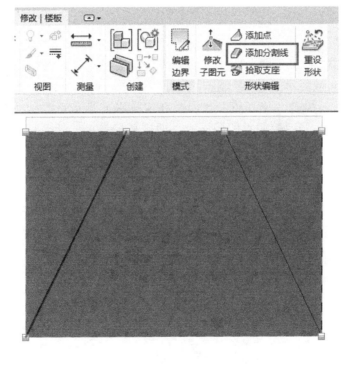

图 4.4-4

当楼层需要做找坡层或做内排水时，需要在面层上做坡度。选择楼层，单击"类型属性"，单击"结构"栏下"编辑"，在弹出的"编辑部件"对话框中勾选"面层"后的"可变"选项（图4.4-5）。

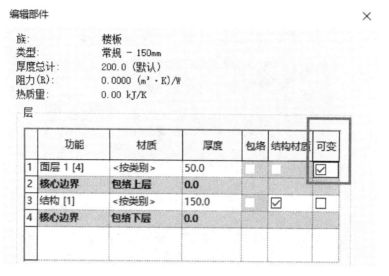

图 4.4-5

这时在进行楼板的点编辑时，只有楼板的面层会变化，结构层不会变化（图4.4-6）。

图 4.4-6

找坡层的设置：单击"形状编辑"面板中的"添加分割线"工具，在楼板的中线处绘制分割线，单击"修改子图元"工具，修改分割线两端端点的偏移值（即坡度高低差），效果如图4.4-6所示，完成绘制。

内排水的设置：单击"添加点"工具，在内排水的排水点添加一个控制点，单击"修改子图元"工具，修改控制点的偏移值（即排水高差）（图4.4-7），完成绘制。用"洞口"命令开洞。

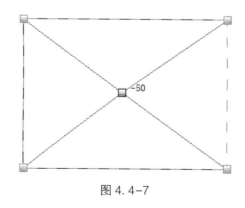

图 4.4-7

第5章　墙与幕墙

5.1　墙体的绘制和编辑

点击"建筑"选项卡下的"墙"下拉按钮。可以看到，有建筑墙、结构墙、面墙、墙饰条、分隔缝等五种类型选择。建筑墙与结构墙可以直接绘制，面墙必须在体量与常规模型的基础上生成，墙饰条与分割线只能在立面或三维中才能绘制。在本节中，需要学会灵活使用墙体编辑轮廓、墙体拆分、叠层墙。

本节学习目标：

（1）普通墙体的绘制及属性修改。

（2）墙体编辑轮廓。

（3）叠层墙的选择与绘制。

（4）拆分墙的使用。

5.1.1　墙体绘制

在建筑选项卡直接点击"墙"命令，默认为建筑墙，在"状态"栏设置墙高度、定位线、偏移，选择直线、矩形、多边形、弧形等绘制方法进行墙体的绘制（图5.1-1）。

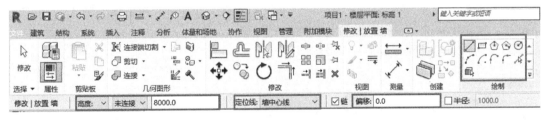

图5.1-1

注意：顺时针绘制墙体，因为在Revit中有内墙面和外墙面的区别，圆形墙命令默认是反的，即圆内侧默认为外墙面。

编辑墙体：

墙体图元属性的修改

选择墙体，在"属性"中编辑墙属性，修改墙的实例参数。墙的类型参数可以设置该类型墙的定位线、高度和顶面的位置及结构用途等特性（图5.1-2）。

建议：墙体与楼板屋顶相交时设置顶部偏移，偏移值为楼板厚度，可以解决楼面三维显示时看到墙体与楼板交线的问题，或楼板沿着墙内部绘制。

设置墙的类型参数

墙的类型参数可以设置不同类型墙的粗略比例填充样式、墙的结构、材质等（图5.1-3）。

图 5.1-2

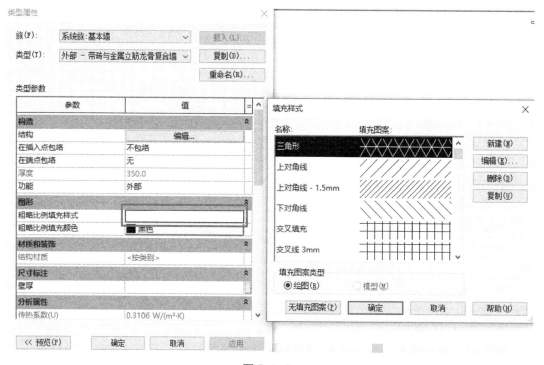

图 5.1-3

点击"构造"栏处的结构编辑，进入墙体构造编辑对话框（图 5.1-4）。墙体构造层厚度及位置关系（对话框向上、向下按钮）可以由用户自行定义。注意：绘制墙体的定位有核心边界的选项。

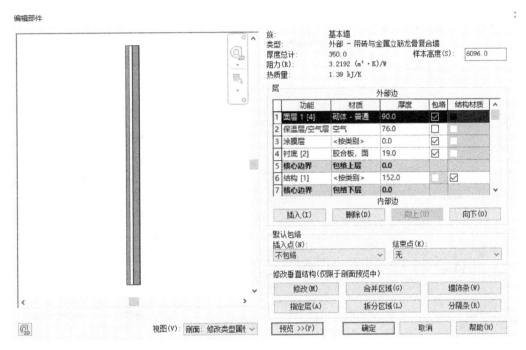

图 5.1-4

尺寸驱动、鼠标拖拽控制柄修改墙体位置、长度、内外墙面等（图 5.1-5）。

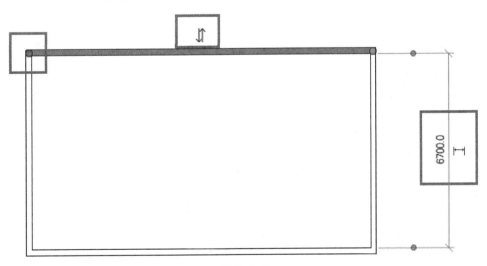

图 5.1-5

移动、复制、旋转、阵列、镜像、对齐、拆分、修剪、偏移等编辑命令，所有常规的编辑命令同样适用于墙体的编辑，选择墙体，自动激活"修改|墙"选项卡面板下的"编辑"命令。

编辑立面轮廓

选择墙，自动激活"修改丨墙"选项卡，单击"修改丨墙"面板下的"编辑轮廓"命令，如在平面视图进行此操作，此时弹出"转到视图"对话框，选择任意立面进行操作，进入绘制轮廓草图模式。在立面上用"线"绘制工具绘制封闭轮廓，单击"完成绘制"可生成任意形状的墙体（图 5.1-6）。

同时如需一次性还原已编辑过轮廓的墙体，选择墙体，单击"重设轮廓"命令，即可实现。

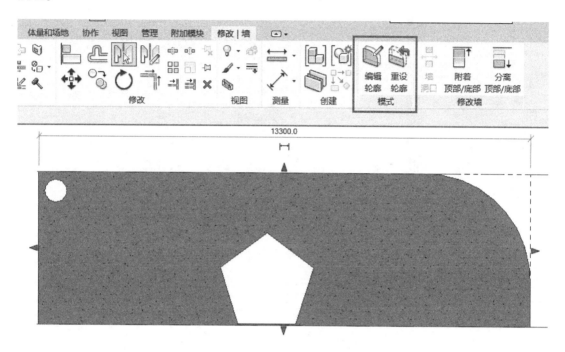

图 5.1-6

5.1.2　复合墙设置

单击"建筑"选项卡下的"墙"命令。

从"属性"中选择墙的类型，单击"编辑类型"按钮打开"类型属性"对话框，单击"结构"参数后面的"编辑"按钮打开"编辑部件"对话框。

单击"预览"按钮，在展开的面板中将视图"楼层平面：修改类型属性"改为"剖面：修改类型属性"（图 5.1-7）。

单击"修改垂直结构"下的"拆分区域"按钮，将一个构造层拆为上、下 n 个部分，原始的构造层厚度值变为"可变"（图 5.1-8）。

用"修改"命令修改尺寸调整拆分边界位置（需先点击分割线才能修改尺寸），如图 5.1-9 所示。

在"图层"中插入 $n-1$ 个构造层，指定不同的材质，厚度为 0（图 5.1-10）。

单击其中一个构造层，用"指定层"在左侧预览框中单击拆分开的某个部分指定给该涂层。同样的操作设置完所有图层即可实现一面墙在不同的高度有几个材质的要求（图

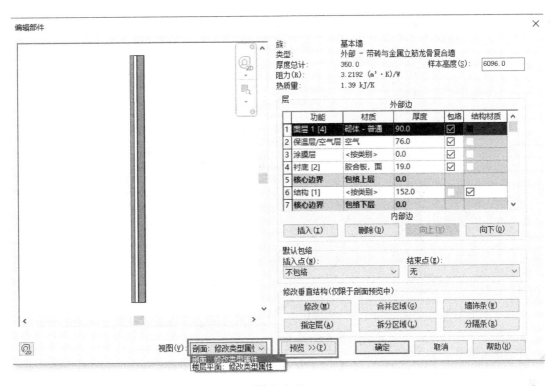

图 5.1-7

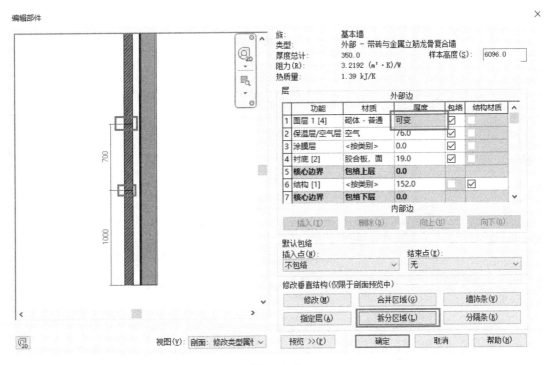

图 5.1-8

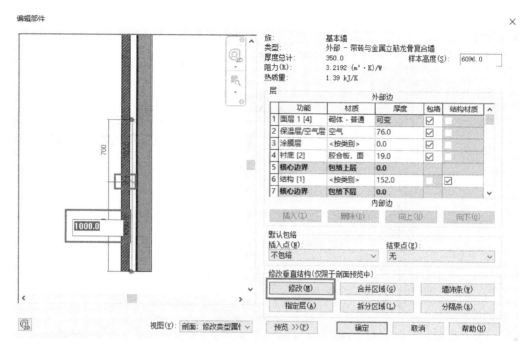

图 5.1-9

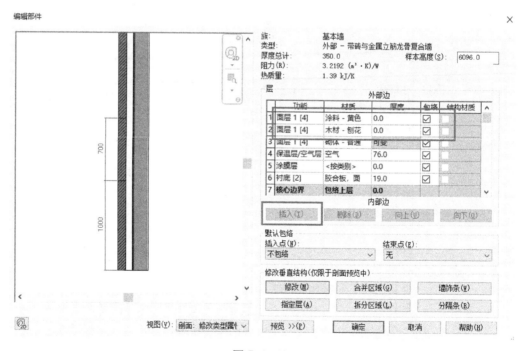

图 5.1-10

5.1-11）。效果如图 5.1-12 所示。

定义带墙饰条的墙体

单击"墙饰条"按钮，打开"墙饰条"对话框，添加并设置墙饰条的轮廓，如需新

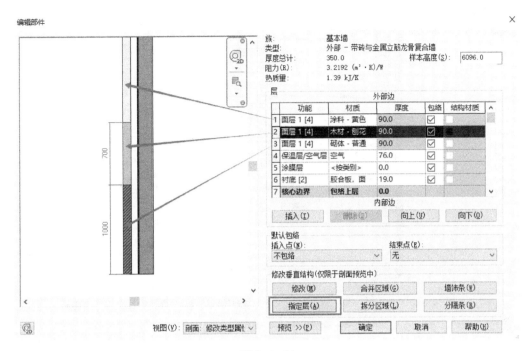

图 5.1-11

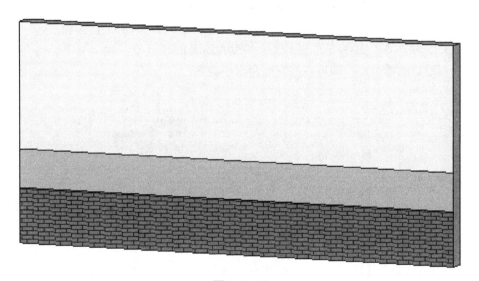

图 5.1-12

的轮廓，可单击"载入轮廓"按钮，从库中载入轮廓族，单击"添加"按钮添加墙饰条轮廓，并设置其高度、放置位置（墙体的顶部、底部，内部、外部）、其与墙体的偏移值、材质及是否剪切等的设置（图 5.1-13）。

5.1.3 叠层墙设置

单击"建筑"选项卡下的"墙"命令，从类型选择器中选择"叠层墙：外部—带金属立柱的砌块上的砖"类型，单击单击"编辑类型"按钮打开"类型属性"对话框单击

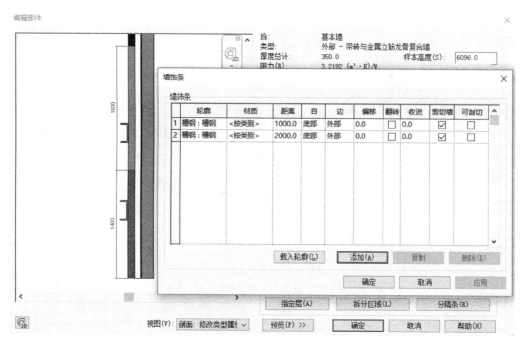

图 5.1-13

"结构"后的"编辑"按钮打开"编辑部件"对话框，点击"插入"命令可以添加叠层墙的基本墙数量，在"名称"中可以选择墙的类型，对应关系如图 5.1-14 所示。内部可选择的墙类型为"墙"命令下的基本墙，如没有所需的墙类型，在"墙"命令下点"编辑类型"创建新的墙类型，即可在叠层墙命令中找到。

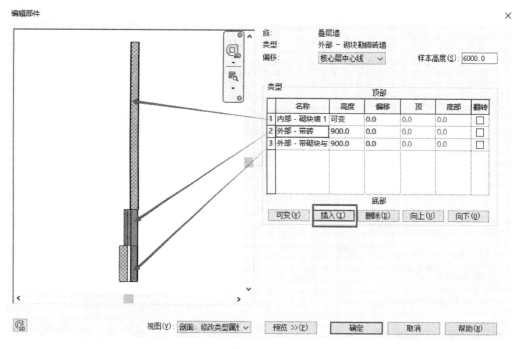

图 5.1-14

叠层墙是一种由若干个不同子墙（基本墙类型）相互堆叠在一起而组成的主墙，高度可以自由调整，其中一种基本墙为可变区域，其余为固定高度，可变区域有"可变"命令可自由切换，高度为墙的总高度减去固定高度基本墙的高度（图5.1-15）。

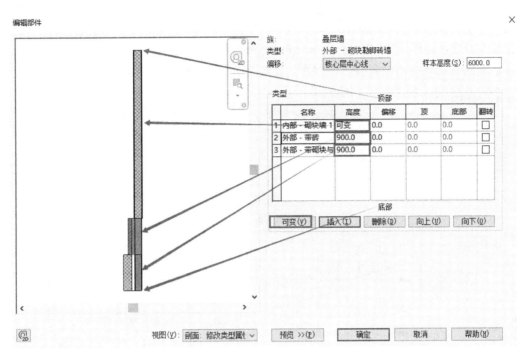

图 5.1-15

效果如图5.1-16所示。

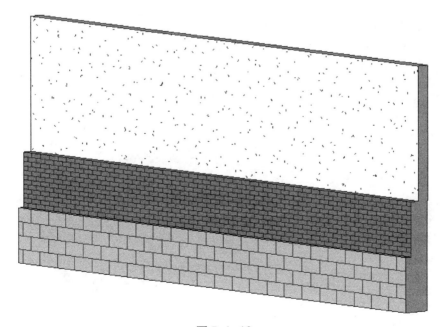

图 5.1-16

5.2 幕墙和幕墙系统

幕墙是建筑的外墙围护，不承重，像幕布一样挂上去，故又称为"帷幕墙"，是现代大型和高层建筑常用的带有装饰效果的轻质墙体。由嵌板和竖挺组成的，可相对主体结构有一定位移能力或自身有一定变形能力，不承担主体结构所作用的建筑外围护结构或装饰性结构。

幕墙网格与竖挺的设置有两种方式，要熟练掌握编辑类型与幕墙系统的使用。

5.2.1 幕墙创建

幕墙是在软件中属于墙的一种类型，由于幕墙和幕墙系统在设置上有相同之处，所以本书将它们合并为一个小节进行讲解。

幕墙默认有三种类型：店面、外部玻璃、幕墙（图 5.2-1）。

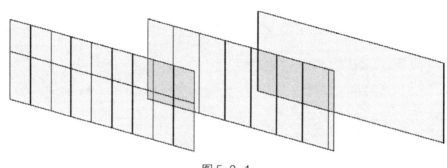

图 5.2-1

幕墙的竖挺样式、网格分割形式、嵌板样式及定位关系皆可修改。

绘制幕墙

在 Revit 中玻璃幕墙是一种墙类型，可以像绘制基本墙一样绘制幕墙。单击"常用"选项卡，"构建"面板下的"墙"命令，从类型选择器中选择幕墙类型，绘制幕墙或选择现有的基本墙，从类型下拉列表中选择幕墙类型，将基本墙转换成幕墙（图 5.2-2）。

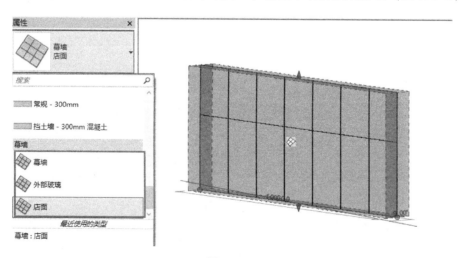

图 5.2-2

5.2.2　图元属性修改

对于外部玻璃和店面类型幕墙，可用参数控制幕墙网格的布局模式、网格的间距值及对齐、旋转角度和偏移值。选择幕墙，自动激活"修改 | 墙"选项卡，点击"属性"对话框，编辑幕墙的实例和类型参数（图 5.2-3）。

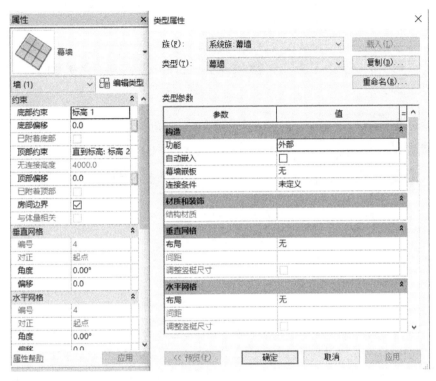

图 5.2-3

也可手动调整幕墙网格间距：选择幕墙网格（可点击 Tab 键切换选择），点开锁标记，即可修改网格临时尺寸（图 5.2-4）。

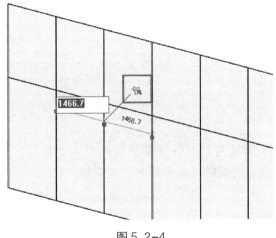

图 5.2-4

5.2.3 编辑立面轮廓

选择幕墙，自动激活"修改｜墙"选项卡，单击"修改墙"面板下的"编辑轮廓"命令，单击，即可像基本墙一样任意编辑其立面轮廓。

幕墙网格与竖挺

单击"建筑"选项卡下的"幕墙网格"命令，可以整体分割或局部细分幕墙嵌板。

全部分段：单击添加整条网格线。

一段：单击添加一段网格线细分嵌板。

除拾取外的全部：单击先添加一条红色的整条网格线，再单击某段删除，其余的嵌板添加网格线（图 5.2-5）。

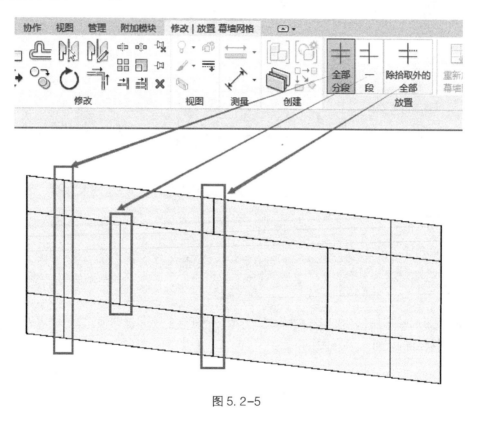

图 5.2-5

"构建"面板下的"竖挺"命令，选择竖挺类型，从"放置选项卡"选择合适的创建命令拾取网格线添加竖挺（图 5.2-6）。

5.2.4 替换门窗

可以将幕墙玻璃嵌板替换为门或窗（必须使用带有"幕墙"字样的门窗族来替换，此类门窗族是使用幕墙嵌板的族样板来制作的，与常规门窗族不同）：将鼠标放在要替换的幕墙嵌板边沿，使用 Tab 键切换选择至幕墙嵌板（注意看屏幕下方的状态栏），选中幕墙嵌板后，自动激活"修改｜墙"选项卡，"属性"面板点击"编辑类型"，单击"载入"按钮从库中载入（图 5.2-7）。

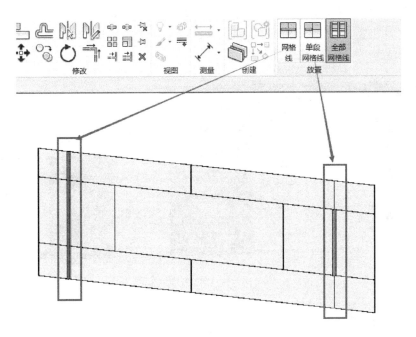

图 5.2-6

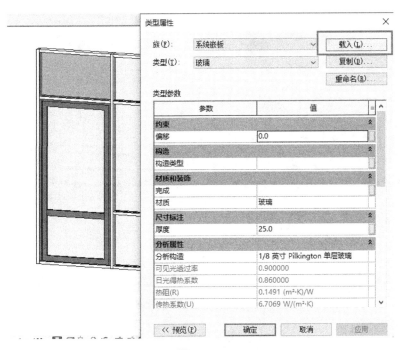

图 5.2-7

注意：幕墙嵌板的选择可以用 Tab 键切换选择。幕墙嵌板可替换为门窗、百叶、墙体、空。

嵌入墙

基本墙和常规幕墙可以互相嵌入（当幕墙属性对话框中"自动嵌入"为勾选状态

时）：用墙命令在墙体中绘制幕墙，幕墙会自动剪切墙，像插入门、窗一样；选择幕墙嵌板方法同上，从类型选择器中选择基本墙类型，可将幕墙嵌板替换成基本墙（图 5.2-8），也可以将嵌板替换为"空"或"实体"。

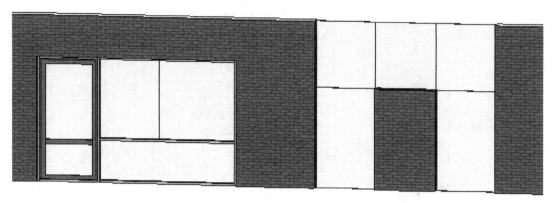

图 5.2-8

5.2.5 幕墙的进阶

首先是弧形幕墙的创建，建筑选项卡下面基本墙命令，在下面找到幕墙（图 5.2-9），利用修改工具的弧线命令，绘制幕墙（图 5.2-10、图 5.2-11）。

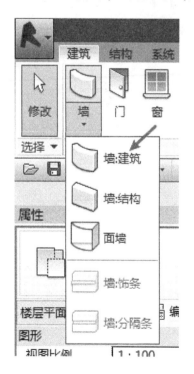

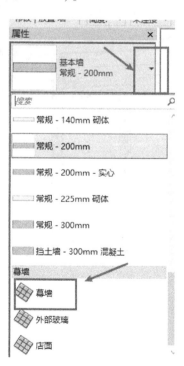

图 5.2-9

为幕墙添加幕墙网格和幕墙竖梃，在类型属性中，添加垂直网格和水平网格，设置为固定距离，或者其他设置，点击"确定"完成（图 5.2-12、图 5.2-13）。

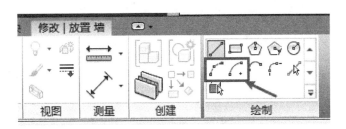

图 5.2-10

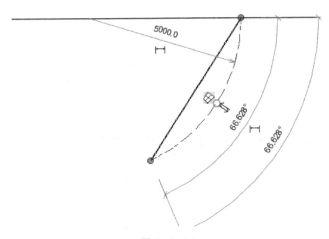

图 5.2-11

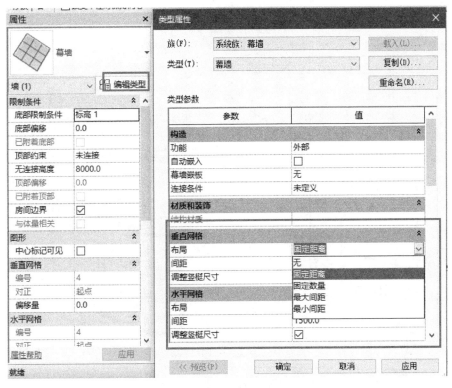

图 5.2-12

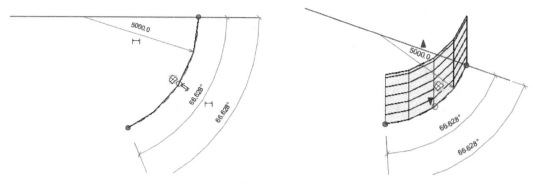

图 5.2-13

对于幕墙竖梃轮廓的修改，在建筑选项卡构建面板"竖梃"命令，全部网格线，并点选幕墙，生成竖梃，竖梃是依据幕墙网格的生成而生成的，如果删除幕墙网格，那竖梃也不复存在（图 5.2-14）。

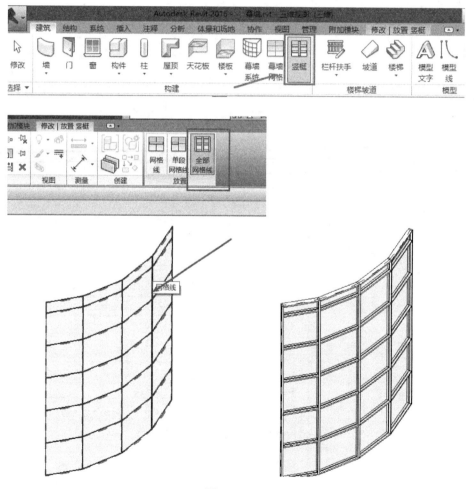

图 5.2-14

在属性栏中，编辑类型属性，轮廓参数，可以选择已有轮廓（图 5.2-15）。

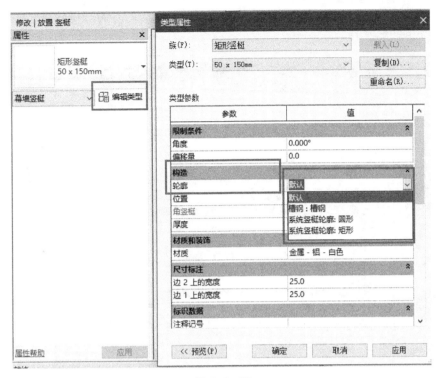

图 5.2-15

幕墙竖梃的轮廓，可以在项目中提前载入，在插入选项卡，载入"族"命令，调出载入族对话框（图 5.2-16）。

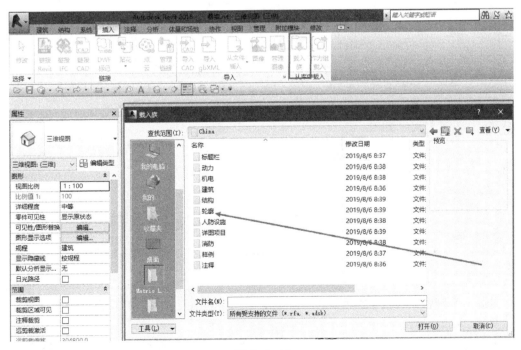

图 5.2-16

路径如下"轮廓"—"专项轮廓"—"竖梃"，选择需要的竖梃轮廓，并点击打开（图 5.2-17、图 5.2-18）。

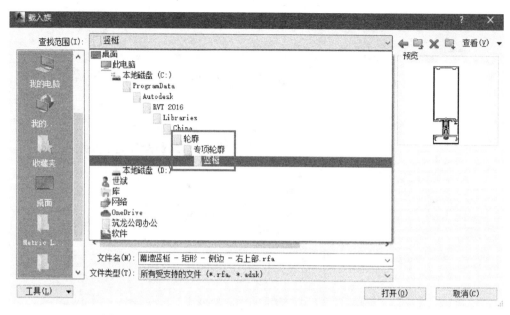

图 5.2-17

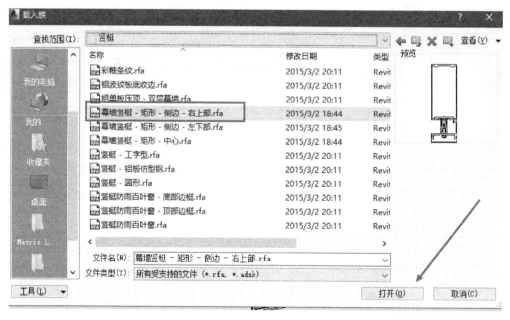

图 5.2-18

选择一个竖梃，并编辑类型属性，在轮廓里选择刚刚载入的新的轮廓，点击应用并确定（图 5.2-19）。

回到标高 1 平面视图，滚动滑轮放大竖梃视图节点，将详细程度调至精细模式（图5.2-20）。

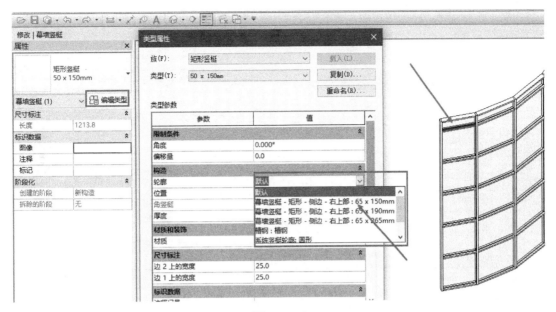

图 5.2-19

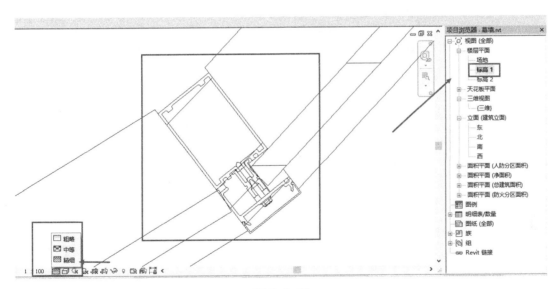

图 5.2-20

异形幕墙的另一种形式，就是对嵌板的修改以及面幕墙的生成。在标高 1 中创建一个直线幕墙，并转到三维视图下，查看幕墙（图 5.2-21、图 5.2-22）。

通过选择嵌板，对嵌板的属性进行设置，空嵌板或者实体嵌板等异形幕墙结构（图 5.2-23）。

面幕墙的创建需要通过创建体量的方法，并依附于体量的面生成幕墙。打开文件——"新建"—"概念体量"，选择"公制体量"，打开（图 5.2-24、图 5.2-25）。

设置工作平面（图 5.2-26）。

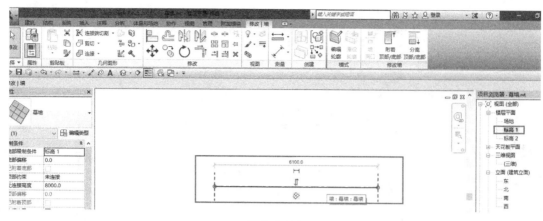

图 5.2-21

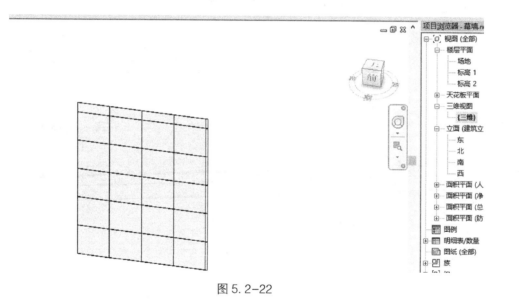

图 5.2-22

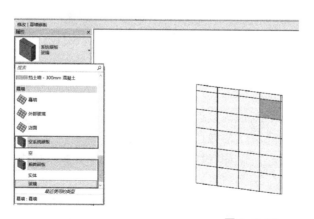

图 5.2-23

图 5.2-24

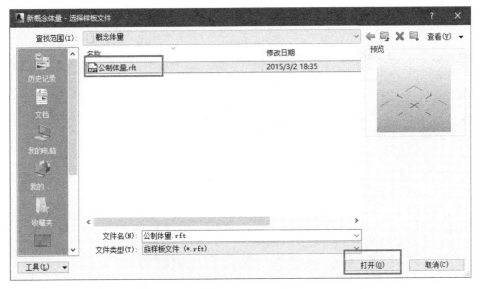

图 5.2-25

创建选项卡，绘制一个圆，并填充实体（图 5.2-27）。

选择球，则生成球，并载入到项目，显示对话框，点击"关闭"，然后鼠标左键选择合适位置点击放置体量，双击键盘的 Esc 键，推出放置体量命令，转到三维视图下，并选择建筑选项卡下面的"幕墙系统"命令，左键点选体量表面，再点击"创建系统"，生成

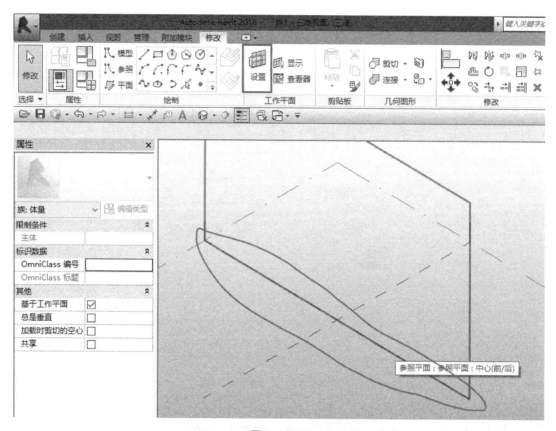

图 5.2-26

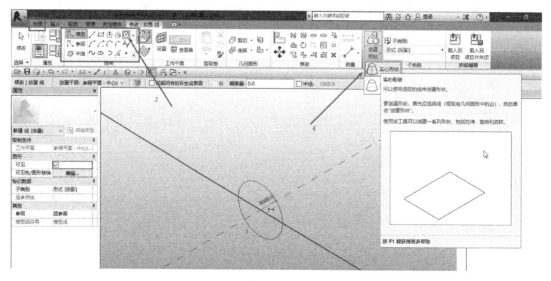

图 5.2-27

幕墙（图 5.2-28、图 5.2-29）。

在着色模式下查看（图 5.2-30）。

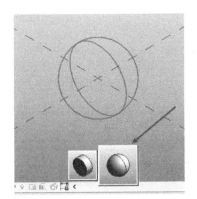

图 5.2-28

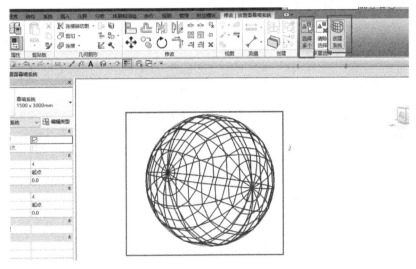

图 5.2-29

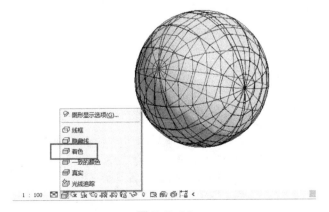

图 5.2-30

第 6 章 门　窗

门窗是模型中重要的组成部分，Revit 中门窗不能单独绘制，必须在墙体的基础上放置门窗，要熟练掌握门窗的选择、参数的修改，达到快速放置门窗的效果。

本章学习目标：

（1）门窗的插入。

（2）门窗的属性修改。

6.1　插入门窗

单击"建筑"面板下，"门"、"窗"命令，在"属性"中选择所需的门、窗类型，如果需要更多的门、窗类型，请从库中载入。在选项栏中选择"放置标记"自动标记门窗，选择"引线"可设置引线长度。在墙主体上移动光标，当门位于正确的位置时单击鼠标确定。如图 6.1-1 所示。

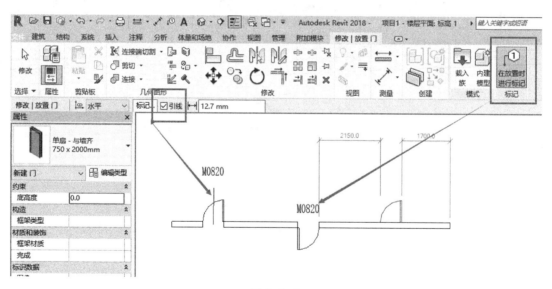

图 6.1-1

【提示】插入门窗时输入"SM"，自动捕捉到中点插入。插入门窗时在墙内外移动鼠标改变内外开启方向，按空格键改变左右开启方向。

拾取主体：选择"门"，打开"修改 | 门"的上下文选项卡，单击"主体"面板的"拾取主体"命令，可更换放置门的主体。即把门移动放置到其他墙上（图 6.1-2）。

在平面插入窗，其窗台高为"默认窗台高"参数值。在立面上，可以在任意位置插入窗。在插入窗族时，立面出现绿色虚线时，此时窗台高为"默认窗台高"参数值（图 6.1-3）。

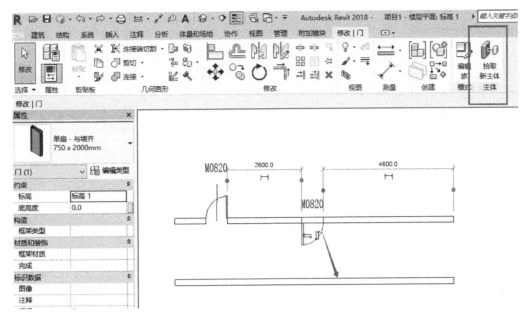

图 6.1-2

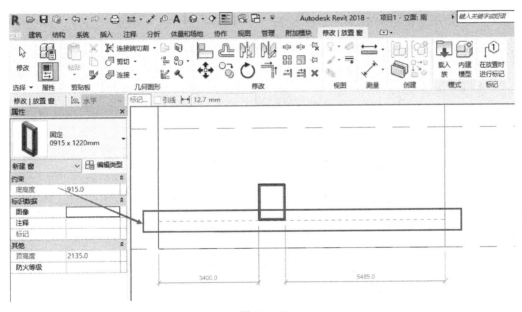

图 6.1-3

6.2 门窗编辑

6.2.1 修改门窗实例参数

选择门窗，自动激活"修改丨门/窗"选项卡。可以在属性中修改所选择门窗的标高、底高度等实例参数（图 6.2-1）。

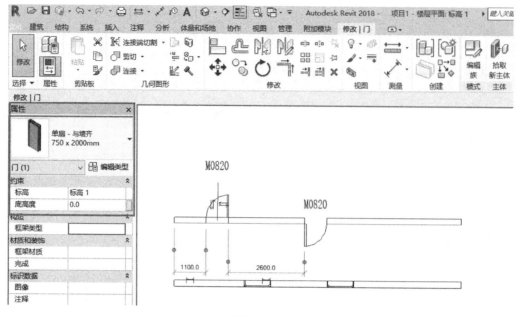

图 6.2-1

6.2.2 修改门窗类型参数

选择门窗，自动激活"修改 | 门/窗"选项卡，"属性"中单击"编辑类型"按钮打开"类型属性"对话框，点击"复制"创建新的门窗类型，修改高度、宽度尺寸，窗台高度，确定（图 6.2-2）。

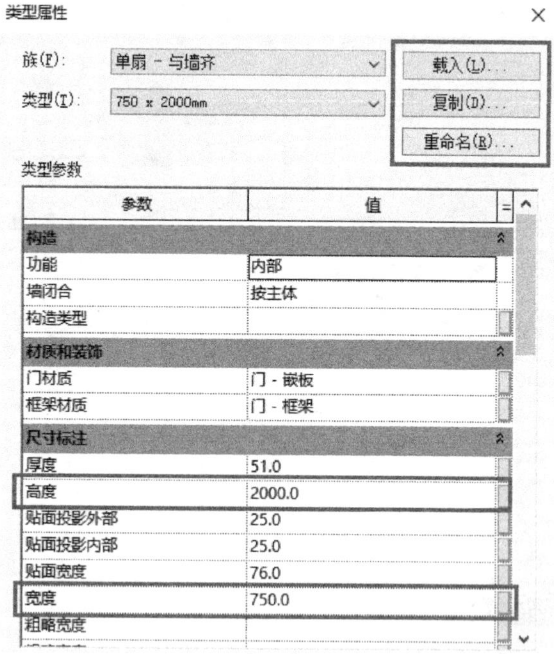

图 6.2-2

修改了类型参数中默认窗台高的参数值，只会影响随后再插入的窗户的窗台高度，对之前插入的窗户的窗台高度并不产生影响。

6.2.3 门窗方向与位置

选择门窗出现开启方向控制和临时尺寸，鼠标点击改变开启方向和位置尺寸如图 6.2-3 所示。

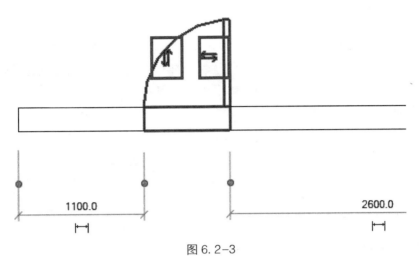

图 6.2-3

第7章 屋 顶

7.0 迹线屋顶

屋顶是建筑顶部的承重和围护构件，一般由屋面、保温（隔热）层和承重结构三部分组成。屋顶又被称为建筑的"第五立面"，对建筑的形体和立面形象具有较大的影响，屋顶的形式将直接影响建筑物的整体形象。我们主要使用迹线屋顶来绘制屋顶，通过坡度箭头和定义坡度的使用来调整屋顶的造型，要熟练判断坡度箭头和定义坡度的选择。

本章学习目标：

（1）极限屋顶的绘制。

（2）圆锥屋顶、四面双坡屋顶、双重斜坡屋顶的绘制。

（3）玻璃斜窗的绘制。

7.0.1 创建迹线屋顶（坡屋顶、平屋顶）

单击"建筑"选项卡下"屋顶"下拉列表，选择"迹线屋顶"命令，进入绘制屋顶轮廓草图模式。

此时自动跳转到"创建楼层边界"选项卡，单击"绘制"面板下的"拾取墙"命令，在选项栏中单击"定义坡度"，指定楼板边缘的偏移量同时如勾选"延伸到墙中（至核心层）"，拾取墙时将拾取到有涂层和构造层的复合墙体的核心边界位置。

使用 Tab 键切换选择，可一次选中所有外墙，单击生成楼板边界，如出现交叉线条，使用"修剪"命令编辑成封闭楼板轮廓。或者单击"线"命令，用线绘制工具绘制封闭楼板轮廓。

选择轮廓线，选项栏勾选"定义坡度"，单击角度值设置屋面坡度，所有线条取消勾选"定义坡度"则生成平屋顶。单击"完成屋顶"（图 7.0-1）。

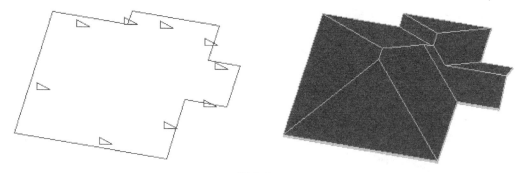

图 7.0-1

7.0.2 创建圆锥屋顶

单击"常用"选项卡下"屋顶"下拉箭头，选择"迹线屋顶"命令，进入绘制屋顶轮廓草图模式。绘制圆锥屋顶的轮廓，调整坡度，单击"完成屋顶"生成圆锥屋顶（图7.0-2）。

图 7.0-2

7.0.3 四面双坡屋顶

单击"建筑"选项卡下"屋顶"下拉箭头，选择"迹线屋顶"命令，进入绘制屋顶轮廓草图模式。

选项栏取消勾选"定义坡度"，用"拾取墙"或"线"命令绘制矩形轮廓。

绘制参照平面，调整临时尺寸使左、右参照平面间距等于矩形宽度。

点工具栏"拆分"命令，在右边参照平面处单击鼠标，将矩形长边分为两段。设计栏"坡度箭头"命令，设置坡度属性，如图7.0-3绘制坡度箭头。

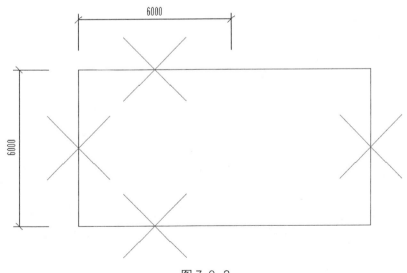

图 7.0-3

效果如图7.0-4所示。

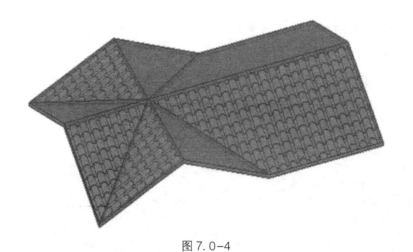

图 7.0-4

7.0.4 双重斜坡屋顶

单击"建筑"选项卡下"屋顶"下拉箭头，选择"迹线屋顶"命令，进入绘制屋顶轮廓草图模式，绘制下面第一层屋顶的轮廓。在"属性"面板中设置屋顶的截断标高及偏移值，确定。生成一个带洞口的屋顶（图 7.0-5）。

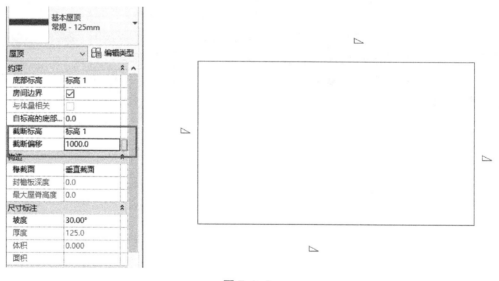

图 7.0-5

用"迹线屋顶"命令在截断标高上，沿第一层屋顶洞口边线绘制第二层屋顶。"自标高的底部偏移"改为截断偏移的高度"1000"，截断标高改为"无"（图 7.0-6）。

效果如图 7.0-7 所示。

单击"修改"选项卡"几何图形"中的"连接/取消连接屋顶"工具命令，连接屋顶到另一个屋顶或墙上（图 7.0-8）。

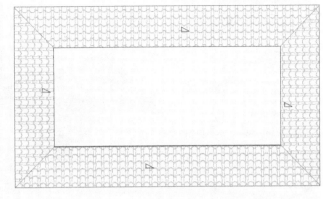

图 7.0-6

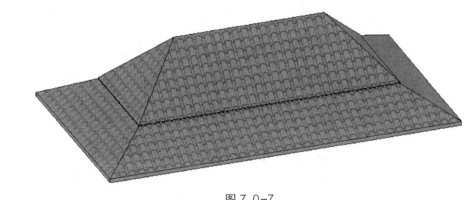

图 7.0-7

图 7.0-8

7.0.5 玻璃斜窗

用迹线屋顶或拉伸屋顶命令创建屋顶，同前所述。

选择屋顶，从类型选择器下拉列表中选择"玻璃斜窗"，将常规屋顶转换为玻璃斜窗（图 7.0-9）。使用"建筑"选项卡下的"幕墙网格"命令分割玻璃，用"竖挺"命令添加竖挺（图 7.0-10）。

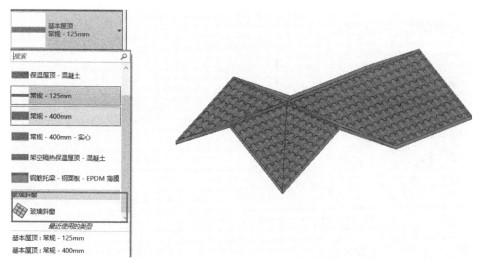

图 7.0-9

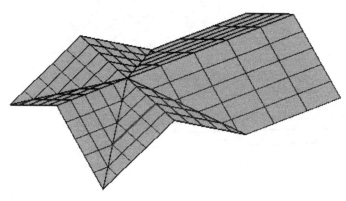

图 7.0-10

7.0.6 屋顶的进阶

对拉伸屋顶和面屋顶生成过程中，拉伸轮廓的绘制时，曲线和直线相交接的地方，角度要大于 90°。

首先切换到标高二楼层平面视图，绘制一个参照平面（图 7.0-11、图 7.0-12）。

图 7.0-11

选择南立面，打开试图（图 7.0-13）。

利用样条曲线和直线命令绘制一个拉伸轮廓（图 7.0-14）。

点击"完成"，会出现弹窗错误，由于曲线和直线角度设置过小，需调整（图 7.0-15）。

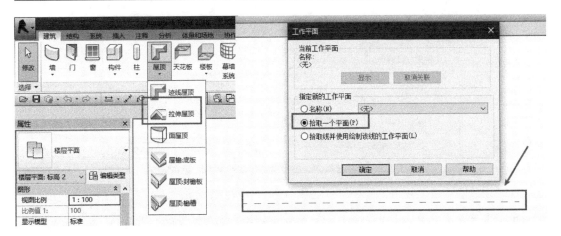

图 7.0-12

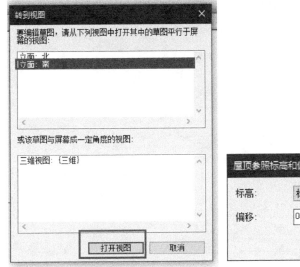

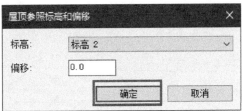

图 7.0-13

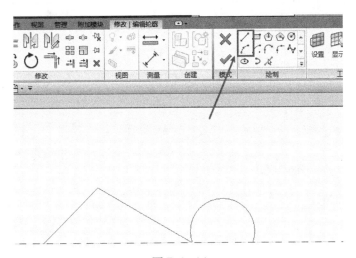

图 7.0-14

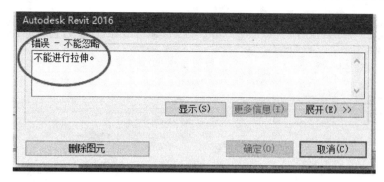

图 7.0-15

调整曲线节点位置，控制角度大于 90°，再点击"完成"（图 7.0-16）。

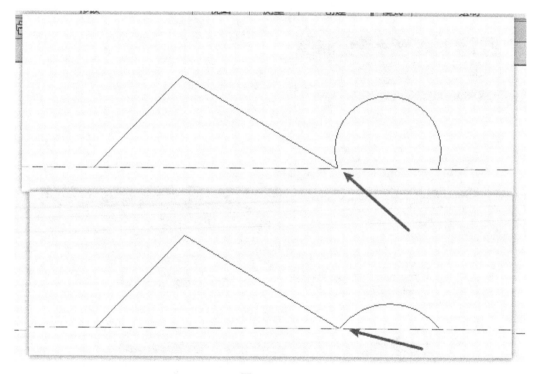

图 7.0-16

点击"完成"后生成拉伸屋顶（图 7.0-17）。

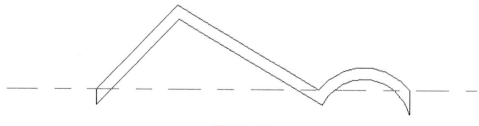

图 7.0-17

第 8 章　扶手、楼梯和坡道

8.1　扶手

扶手是通常设置在楼梯、栏板、阳台等处的兼具实用和装饰的凸起物，是栏杆或栏板上沿（顶面）供人手扶的构件，作行走时依扶之用。绘制楼梯时扶手会自动生成，需要修改时就需要使用扶手栏杆命令单独绘制，阳台、室外台阶等构件需要栏杆时，也需要单独绘制，楼梯还可以直接拾取主体生成扶手。

本节学习目标：

（1）扶手的创建与编辑。

（2）直梯、弧形楼梯、旋转楼梯的绘制。

（3）楼梯平面显示控制。

（4）多层楼梯的绘制。

（5）坡道的绘制。

8.1.1　扶手的创建

单击"建筑"选项卡下"栏杆扶手"命令，进入绘制扶手轮廓模式。需要时单击"工具"面板下"拾取新主体"命令，选择楼板或楼梯作为扶手的主体，这样扶手将和主体相关（如随楼板的高度变化而变化）。用"线"绘制工具绘制连续的扶手轮廓线（楼梯扶手的平段和斜段要分开绘制），单击"完成扶手"创建扶手。如图 8.1–1 所示。

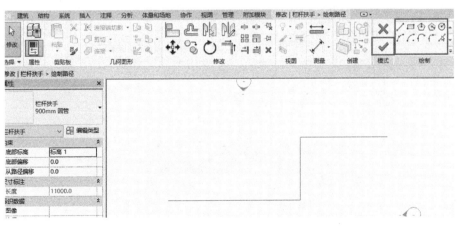

图 8.1–1

8.1.2　扶手的编辑

选择扶手，单击"修改｜扶手"选项卡中的"编辑路径"命令，编辑扶手轮廓线位置在"属性"界面点击"编辑类型"进入类型属性，对"栏杆结构""栏杆位置""顶部扶栏"进行修改（图 8.1-2）。

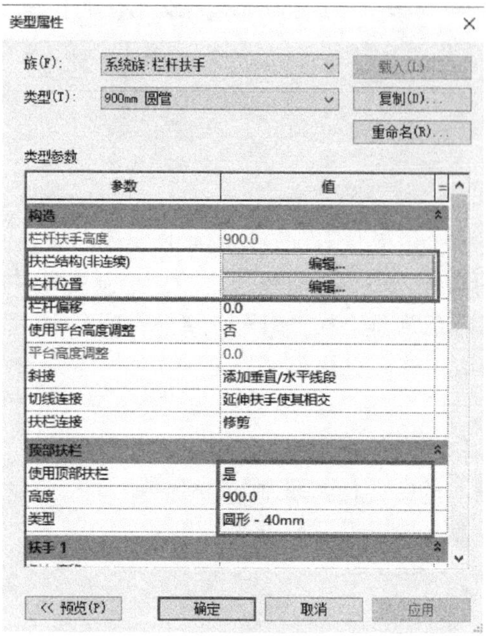

图 8.1-2

单击"栏杆位置"之后的"编辑"按钮，打开"编辑扶手"对话框，编辑扶手结构：插入新扶手，或复制现有扶手，设置扶手名称、高度、偏移、轮廓、材质等参数，调整扶手上、下位置（图 8.1-3）。

图 8.1-3

单击"扶栏结构"之后的"编辑"按钮，打开"编辑扶手"对话框，编辑栏杆位置：布置主栏杆样式和支柱样式——设置主栏杆和支柱的栏杆族、底部及底部偏移、顶部及顶部偏移、相对距离、偏移等参数（图8.1-4）。注意：主样式以组为单位。

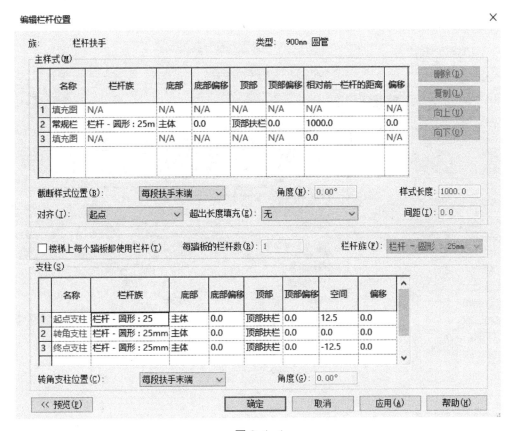

图 8.1-4

8.2　楼梯

建筑物中作为楼层间垂直交通用的构件。用于楼层之间和高差较大时的交通联系。在设有电梯、自动梯作为主要垂直交通手段的多层和高层建筑中也要设置楼梯。高层建筑尽管采用电梯作为主要垂直交通工具，但仍然要保留楼梯供火灾时逃生之用。楼梯由连续梯级的梯段、平台（休息平台）和围护构件等组成。楼梯的最低和最高一级踏步间的水平投影距离为梯长，梯级的总高为梯高。绘制楼梯时要先选择类型并修改参数。

8.2.1　直梯

（1）用梯段命令创建楼梯

单击"建筑"选项卡下"楼梯"命令，进入绘制楼梯草图模式，自动激活"创建楼梯草图"选项卡，"绘制"面板下的"梯段"命令，选择"现场浇筑楼梯"。

点击"属性"面板下的"编辑类型"按钮，打开"类型属性"对话框，创建自己的楼梯样式，设置类型属性参数：踏板、踢面、高度、厚度尺寸、材质等，确定。

在"属性"对话框中设置楼梯宽度、基准偏移等参数，系统自动计算实际的踏步高和踏步数（图 8.2-1），确定。

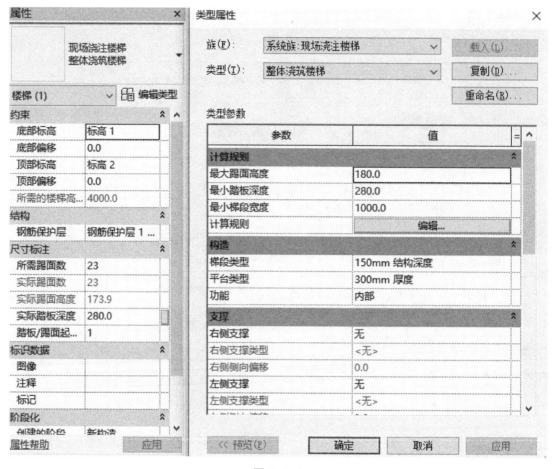

图 8.2-1

绘制参照平面：起跑位置线、休息平台位置、楼梯半宽度位置。

单击"梯段"命令，捕捉每跑的起点、终点位置绘制梯段。注意梯段草图下方的提示：创建了 10 个踢面，剩余 13 个。

调整休息平台边界位置，完成绘制，楼梯扶手自动生成。

【提示】1）绘制梯段时是以梯段中心为定位线来开始绘制的。

2）请根据不同的楼梯形式：单跑、双跑 L 形、双跑 U 形、三跑楼梯等，绘制不同数量、位置的参照平面以方便楼梯精确定位，并绘制相应的梯段（图 8.2-2）。

（2）用边界和踢面命令创建楼梯

单击"边界"命令，分别绘制楼梯踏步和休息平台边界。注意：踏步和平台处的边界线需分段绘制。否则软件将把平台也当成是长踏步来处理。

单击"踢面"命令，绘制楼梯踏步线。同前，注意梯段草图下方的提示，"剩余 0 个"时即表示楼梯跑到了预定层高位置（图 8.2-3）。

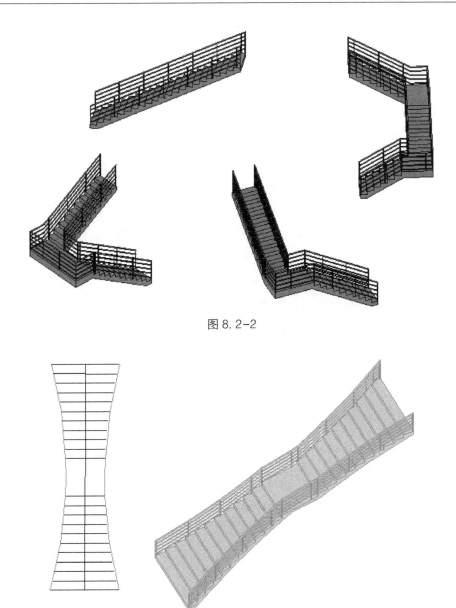

图 8.2-2

图 8.2-3

【提示】对比较规则的异形楼梯，如弧形踏步边界、弧形休息平台楼梯等，可以先用"梯段"命令绘制常规梯段，选择梯段，先点击"转换"命令，再点击"编辑草图"（图 8.2-4），然后删除原来的直线边界或踢面线，再用"边界"和"踢面"命令绘制，完成绘制即可（图 8.2-5）。

8.2.2 弧形楼梯

单击"建筑"选项卡下"楼梯"命令，进入绘制楼梯草图模式。

单击"属性"面板中的"编辑类型"，创建自己的楼梯样式，设置类型属性参数：踏板、踢面、厚度尺寸、材质等，确定。

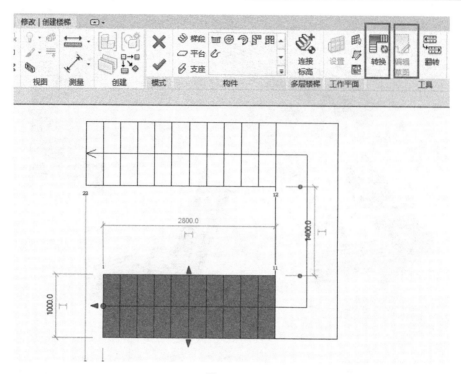

图 8.2-4

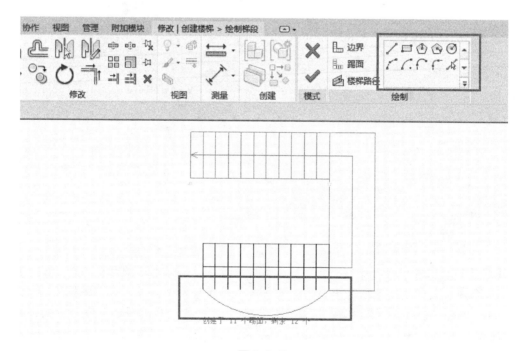

图 8.2-5

在"属性"中设置楼梯宽度、基准偏移等参数，系统自动计算实际的踏步高和踏步数，确定。

绘制中心点、半径、起点位置参照平面，以便精确定位。

单击"绘制"面板下"梯段"命令，选择"圆心-端点螺旋"开始创建弧形楼梯。

捕捉弧形楼梯梯段的中心点、起点、终点位置绘制梯段，注意梯段草图下方的提示。如有休息平台，请分段绘制梯段，"完成楼梯"绘制（图8.2-6）。

图 8.2-6

8.2.3 旋转楼梯

有了上节绘制弧形楼板的基础，我们来创建旋转楼梯。

单击"建筑"选项卡下"楼梯"命令，进入绘制楼梯草图模式。

在楼梯的绘制草图模型下，单击"楼梯属性-编辑类型"使用"复制"命令，创建"旋转楼梯"，并设置其属性：踏板、踢面、厚度尺寸、材质等。

在"实例属性"中设置楼梯宽度、基准偏移等参数，系统自动计算实际的踏步高和踏步数。

单击"绘制"面板下"梯段"命令，选择"中心-端点弧"开始创建旋转楼梯。

捕捉旋转楼梯梯段的中心点、起点、终点位置绘制梯段（图8.2-7）。

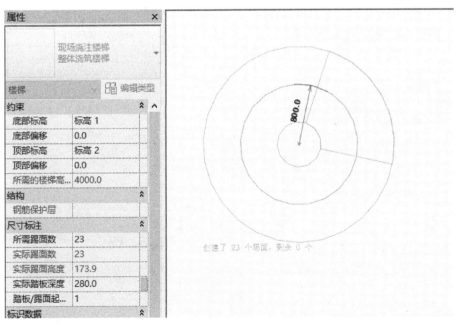

图 8.2-7

【注意】绘制旋转楼梯时中心点到梯段中心点的距离一定要大于或等于楼梯宽度的一半。

因为绘制楼梯时都是以梯段中心线开始绘制的，梯段宽度的默认值一般为1000mm。

所以旋转楼梯的绘制半径要大等于 500mm。

"完成楼梯"绘制（图 8.2-8）

8.2.4 楼梯平面显示控制

当绘制首层楼梯完毕，平面显示将如图 8.2-9 所示。按照规范要求，通常要设置它的平面显示。

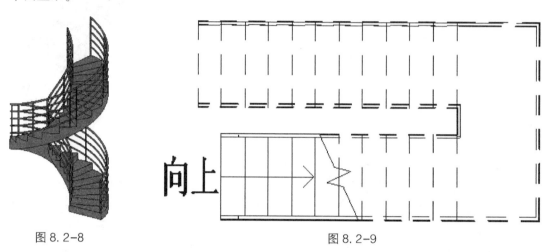

图 8.2-8 　　　　　　　　　　　　　　　图 8.2-9

在"属性"面板点击"可见性/图形替换"之后的"编辑"命令，选择"模型类别"选项卡。从列表中单击"栏杆扶手"前的"+"号展开，取消勾选所有带有"高于"字样的选项。从列表中单击"楼梯"前的"+"号展开，取消勾选除"剪切标记"之外所有带有"高于"字样的选项（图 8.2-10），确定。结果如图 8.2-11 所示。

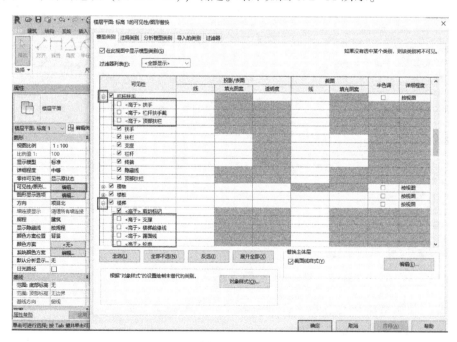

图 8.2-10

根据设计需要可以自由调整视图的投影条件，以满足平面显示要求。

选择楼梯，在"属性"对话框中单击"范围"下的"视图范围"后的"编辑"按钮，弹出"视图范围"对话框。调整"主要范围"的"剖切面"的值，修改楼梯平面显示（图8.2-12、图8.2-13）。

【注意】"剖切面"的值不能低于"底"的值，也不能高于"顶"的值。

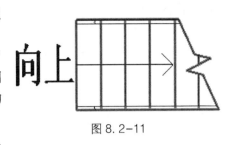

图 8.2-11

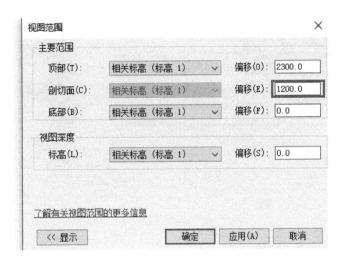

图 8.2-12

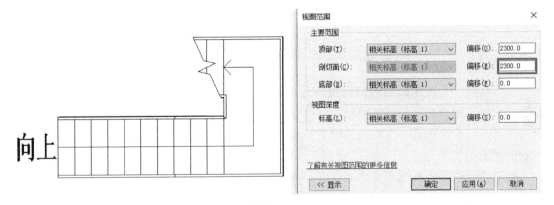

图 8.2-13

8.2.5 多层楼梯

当楼层层高相同时，只需要绘制一层楼梯，然后修改"属性"中的"多层顶部标高"的值到相应的标高即可制作多层楼梯（图8.2-14）。

建议：多层顶部标高可以设置到顶层标高的下面一层标高，因为顶层的平台栏杆需要特殊处理。设置了"多层顶部标高"参数的各层楼梯仍是一个整体，当修改楼梯和扶手参数后所有楼层楼梯均会自动更新。

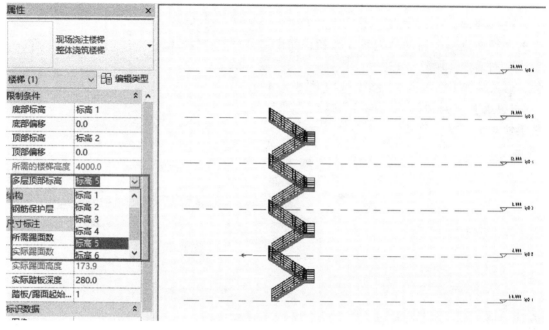

图 8.2-14

8.2.6 楼梯扶手

楼梯扶手自动生成，但可以单独选择编辑其实例属性、类型属性，创建不同的扶手样式。

8.3 坡道

坡道是使行人在地面上进行高度转化的重要方法。坡道与台阶相比具有一重要的优点，那就是坡道面几乎容许各种行人自由穿行于景观中。在"无障碍"区域的设计中，坡道乃是必不可少的因素。在坡道斜面上，地面可以将一系列空间连接成一整体，不会出现中断的痕迹。

坡道的绘制需要熟练掌握坡道高度、坡道长度、坡道坡度三者之间的关系。

8.3.1 直坡道

单击"建筑"选项卡下"坡道"命令，进入"创建坡道草图"模式。

选择坡道，在"属性"面板点击"编辑类型"，在"类型属性"对话框里单击"复制"按钮，创建自己的坡道样式，设置类型属性参数：坡道厚度、材质、坡道最大坡度（$1/x$）、结构等，单击"完成坡道"。

在图元属性对话框中设置坡道宽度、基准标高、基准偏移和顶部标高、顶部偏移等参数，系统自动计算坡道长度，点击"确定"（图 8.3-1）。

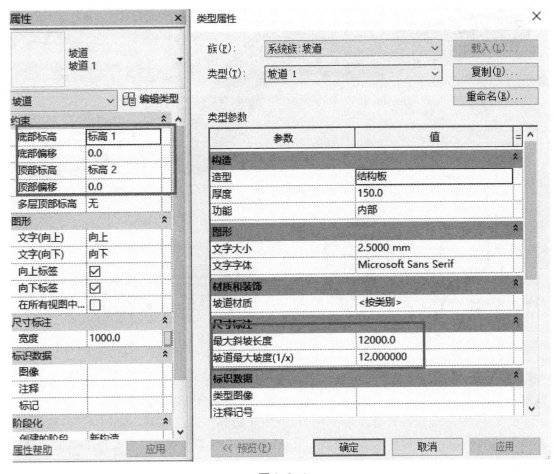

图 8.3-1

绘制参照平面：起跑位置线、休息平台位置、坡道宽度位置。

单击"梯段"命令，捕捉每跑的起点、终点位置绘制梯段，注意梯段草图下方的提示：xxxx 创建的倾斜坡道，xxxx 剩余。

单击"完成坡道"创建坡道，坡道扶手自动生成（图 8.3-2）。

【提示】"顶部标高"和"顶部偏移"属性的默认设置可能会使坡道太长。建议将"顶部标高"和"基准标高"都设置为当前标高，并将"顶部偏移"设置为较低的值。

可以用"踢面"和"边界"命令，绘制特殊坡道，请参考用边界和踢面命令创建楼梯。

坡道实线、结构板选项差异：选择坡道，单击"属性"面板下的"图编辑类型"，打开"类型属性"对话框。若设置"构造"参数下的"造型"为"结构板"，则如图 8.3-3（左）所示，若设置"构造"参数下的"造型"为"实体"，则如图 8.3-3（右）所示。

8.3.2　弧形坡道

单击"建筑"选项卡下"坡道"命令，进入创建坡道草图模式。同前所述设置坡道的类型、实例参数，确定。绘制中心点、半径、起点位置参照平面，以便精确定位。单击

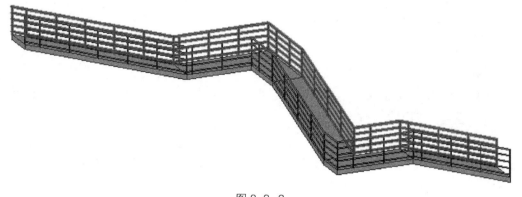

图 8.3-2

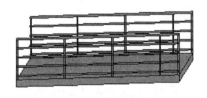

图 8.3-3

"梯段"命令，选择选项栏"中心-端点弧"命令，开始创建弧形坡道。捕捉弧形坡道梯段的中心点、起点、终点位置绘制弧形梯段，如有休息平台，请分段绘制梯段。

可以删除弧形坡道的原始边界和踢面，并用"边界"和"踢面"命令，绘制新的边界和踢面，创建特殊的弧形坡道。单击"完成坡道"创建弧形坡道（图 8.3-4）。

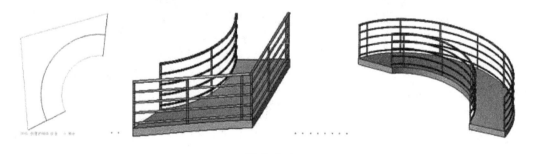

图 8.3-4

8.4 楼梯坡道的进阶

楼梯和坡道均可以利用草图模型进行绘制边界和踢面（图 8.4-1）。

在绘制边界和体面之前，首先定义标高，然后分别绘制边界和踢面（图 8.4-2）。

完成的效果图如图 8.4-3 所示。

坡道的草图绘制和楼梯一样，点击建筑选项卡—"楼梯坡道面板"—"坡道"命令，然后利用彩图模式绘制边界和踢面（图 8.4-4）。

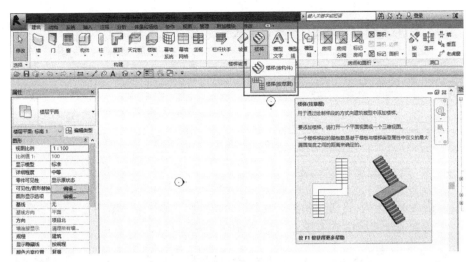

图 8.4-1

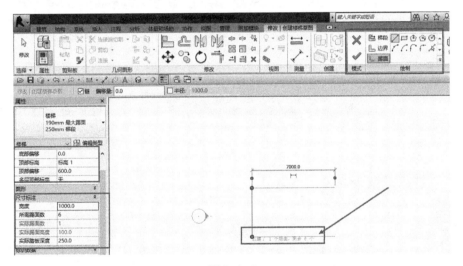

图 8.4-2

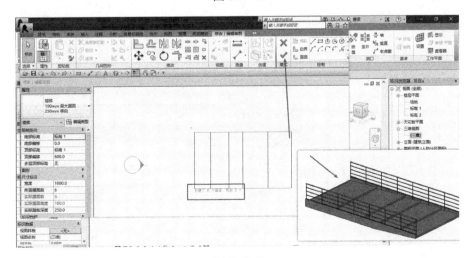

图 8.4-3

图 8.4-4

绘制前修改属性栏中的高度和类型属性中的坡度，例中，设比例是 1，绘制完成后点击对勾，之后去三维视图中查看模型（图 8.4-5、图 8.4-6）。

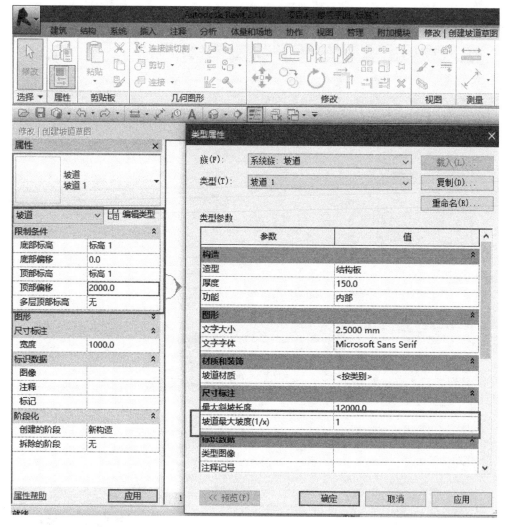

图 8.4-5

然后通过分别打断栏杆，并点击对勾完成，使其和坡道贴合（图 8.4-7、图 8.4-8）。

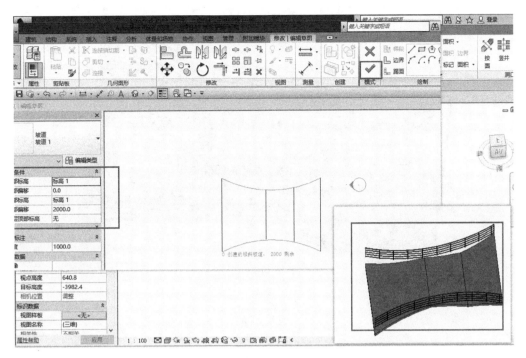

图 8.4-6

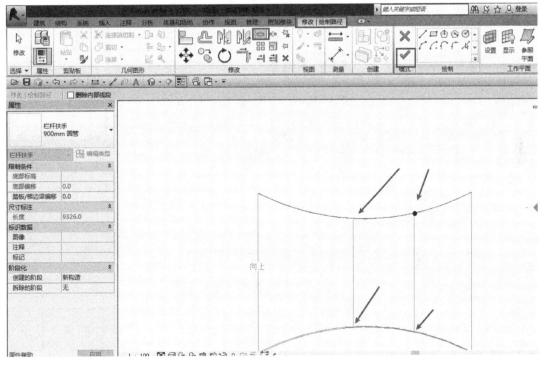

图 8.4-7

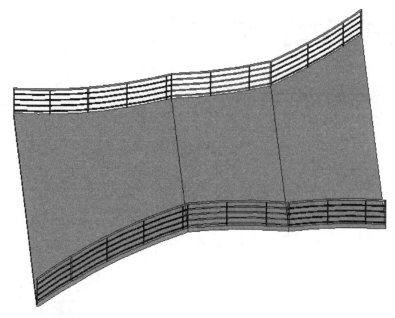

图 8.4-8

8.5 栏杆扶手进阶

对于栏杆的修改，可以设置栏杆的坡度高度等条件，首先我们先创建一段路径栏杆，然后利用打断工具，将其拆分为几段（图 8.5-1）。

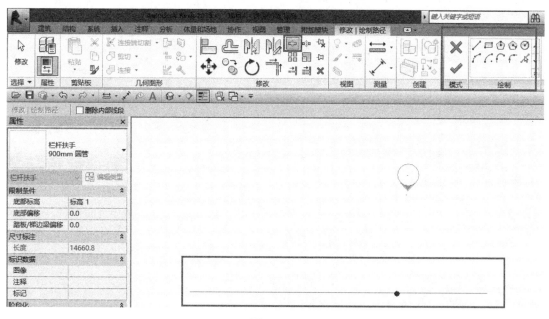

图 8.5-1

按 Esc 键退出打断命令，然后选择第一段线，并在选项栏中可以将其设置为按水平或者按带坡度设置（图 8.5-2）。

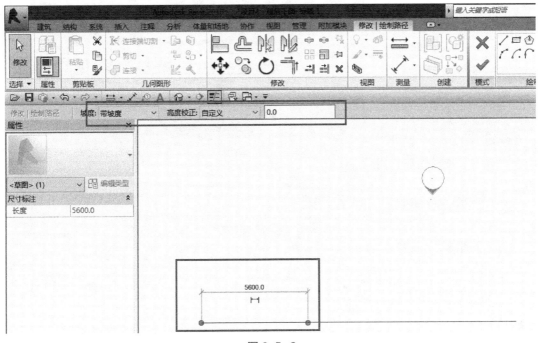

图 8.5-2

此处第一段设置为带坡度，高度自定义为"0"，第二段设置为按水平，高度自定义"2000"，第三段设置为带坡度，高度自定义"3000"（图 8.5-3）。

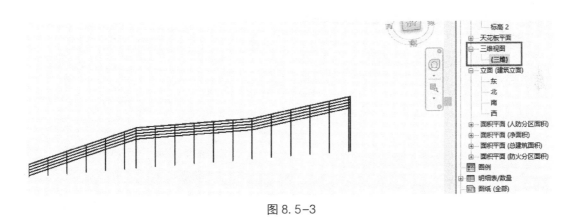

图 8.5-3

然后处理栏杆位置，设置底部约束为顶部扶栏，并设置偏移值"-900"，点击"确定"完成绘制，在三维状态下查看结果（图 8.5-4、图 8.5-5）。

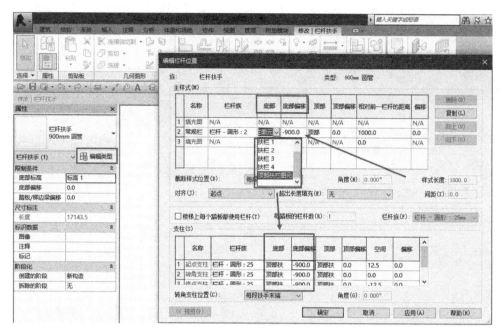

图 8.5-4

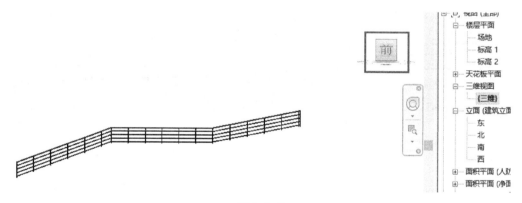

图 8.5-5

第 9 章 洞 口

洞口一般用来放置门窗，通风，也可以用来楼梯间楼板开洞，门窗洞口不需要单独绘制，在放置门窗时会自动剪切洞口。洞口有单独的命令，也可以用编辑轮廓的方式直接在模型上开设洞口，要学会灵活运用。

本章学习目标：

（1）面洞口的应用。

（2）垂直洞口的应用。

（3）墙洞口的应用。

（4）竖井洞口的应用。

（5）老虎窗洞口的应用。

9.1 面洞口

单击"建筑"选项卡"洞口"命令的"按面"（图 9.1-1）

图 9.1-1

单击命令，拾取屋顶、楼板或天花板的某一面并垂直于该面进行剪切，绘洞口形状，单击"完成洞口"命令，完成洞口的创建（图 9.1-2）。

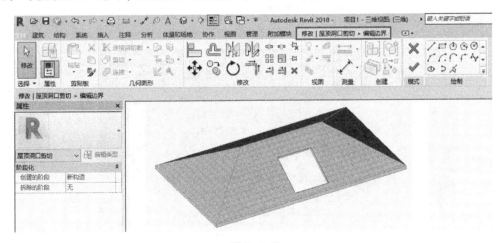

图 9.1-2

9.2　垂直洞口

单击"垂直洞口"命令，拾取屋顶、楼板或天花板的某一面并垂直于某个标高进行剪切，绘制洞口形状，单击"完成洞口"命令，完成洞口的创建。

如图 9.2 所示，左侧为按面创建洞口，右侧为垂直洞口。

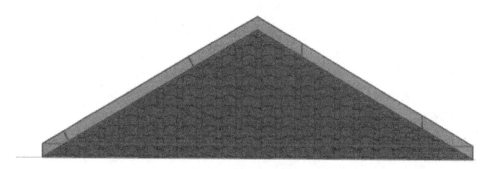

图 9.2

9.3　墙洞口

单击"墙洞口"命令，选择墙体，绘制洞口形状完成洞口的创建。墙洞口只能创建矩形洞口（图 9.3）。如需其他形状洞口，用墙的"编辑轮廓"命令。

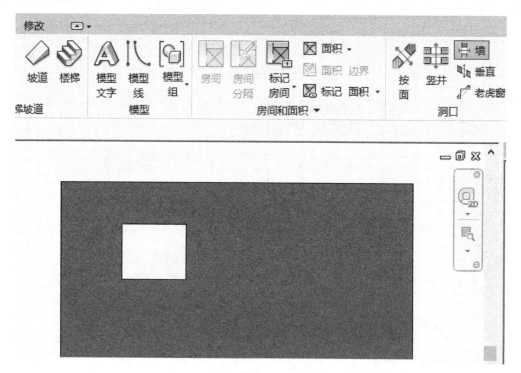

图 9.3

9.4　竖井洞口

单击"竖井洞口"命令，选项在建筑的整个高度上（或通过选定标高）剪切洞口，使用此选项，可以同时剪切屋顶、楼板或天花板的面（图 9.4）。

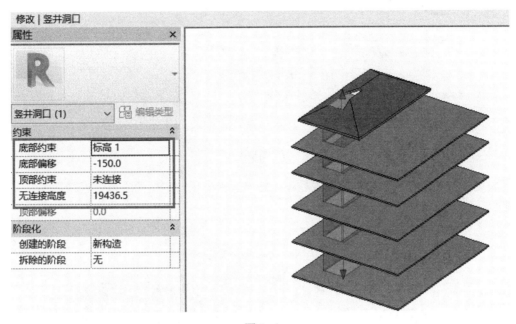

图 9.4

9.5　老虎窗洞口

创建老虎窗所需墙体，设置其墙体的偏移值（图 9.5-1）。

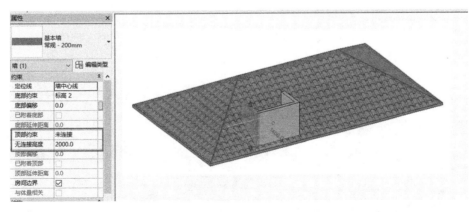

图 9.5-1

创建双坡屋顶（图 9.5-2）。

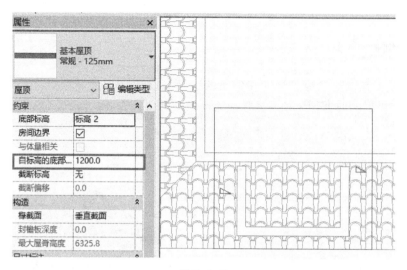

图 9.5-2

将墙体与两个屋顶分别进行附着处理，将老虎窗屋顶与主屋顶进行"连接屋顶"处理（图 9.5-3）。

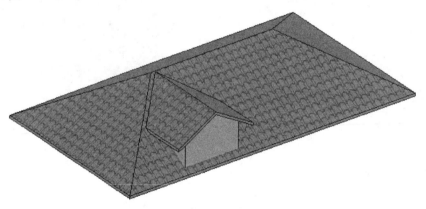

图 9.5-3

单击"老虎窗洞口"命令。

拾取主屋顶，进入"拾取边界"模式，点取老虎窗屋顶或其底面、墙的侧面、楼板的底面等有效边界，修剪边界线条，完成边界剪切洞口（图 9.5-4）。

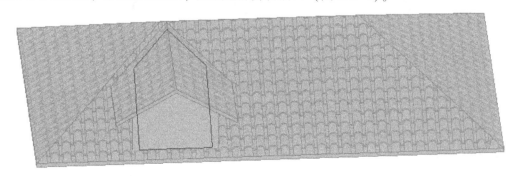

图 9.5-4

第 10 章 详 图

详图的创建在考试中基本不会考到，但是项目中运用非常广泛。详图一般应用于细部构件，例如大样图。并且详图可以凭空绘制，不一定是图中有模型才能生成详图。这一点可以理解为 CAD 时代二维制图方式向 BIM 时代三维制图方式转化的中间步骤。

10.1 添加剖面

讲详图创建前，先绘制一面墙，并添加剖面，如图 10.1-1、图 10.1-2 所示。

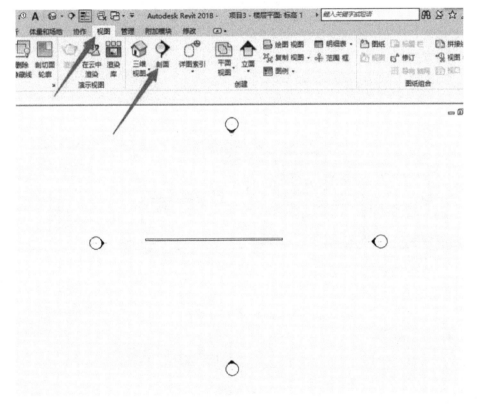

图 10.1-1

放置完剖面后，右键——转到视图或者直接在项目浏览器中双击进入剖面，在剖面中创建详图。如图 10.1-3 所示，注释选项卡下——详图区域，包括详图线、区域、构件、云线批注、详图组、隔热层。

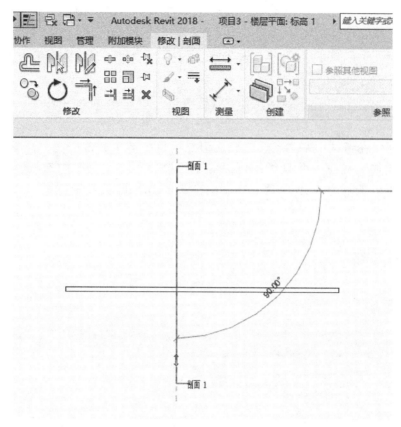

图 10.1-2

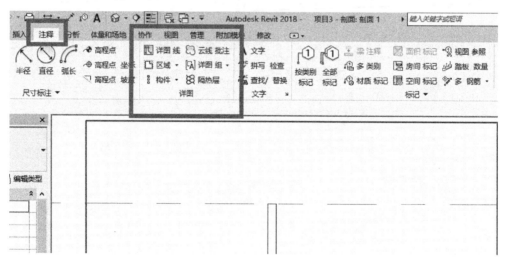

图 10.1-3

10.2 详图线

注释选项卡——详图线，可以随意绘制线条，可用直线也可以绘制形状，如图 10.2-1 所示：

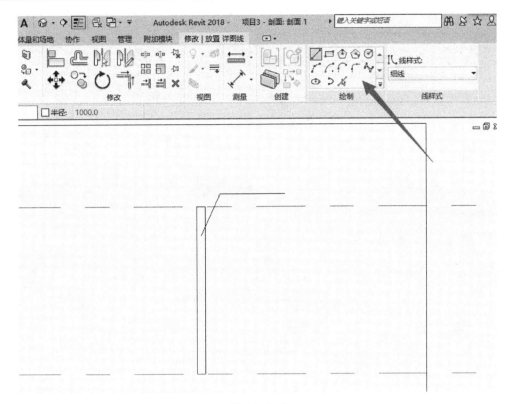

图 10.2-1

绘制完详图线后，点击"注释"——添加文字，直接在需要填写文字位置点击鼠标左键，输入文字，例如输入"结构墙"，输入完成后，点击空白处即可退出文字输入状态，Esc 键退出文字命令。如图 10.2-2、图 10.2-3 所示。

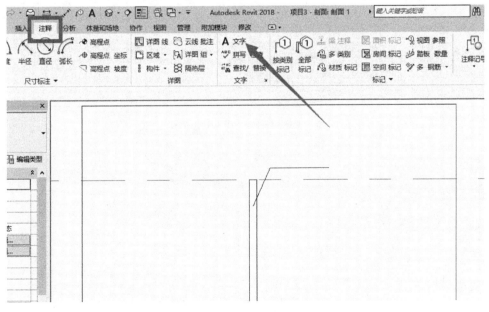

图 10.2-2

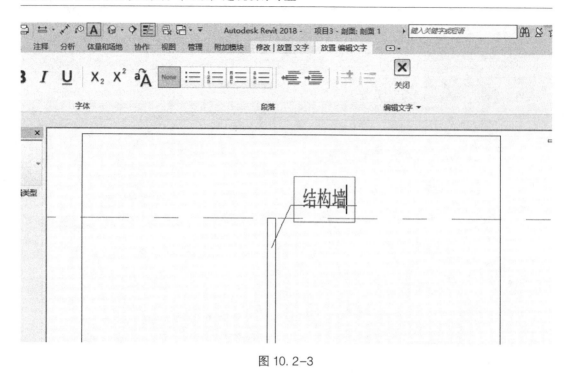

图 10.2-3

10.3 填充区域

如图 10.3-1、图 10.3-2 所示，点击"区域"后面下拉菜单，选择填充区域，进入创建填充区域边界，可以直接绘制形状或者使用拾取线的方式创建填充区域。

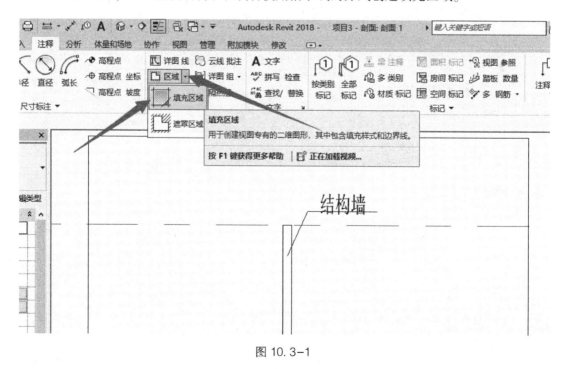

图 10.3-1

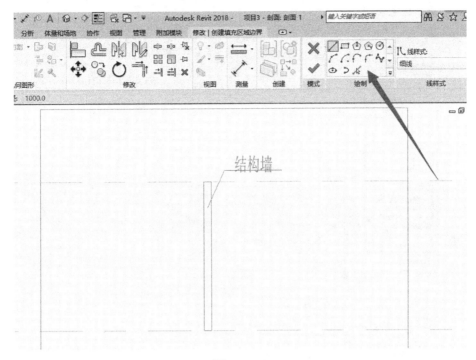

图 10.3-2

选用拾取线方式，拾取图 10.3-3 墙的边线，点击"√"完成创建，属性框中下拉菜单可以选择填充图案，并且此图案可以随意修改亦可随意挪动位置。如图 10.3-3、图 10.3-4 所示。

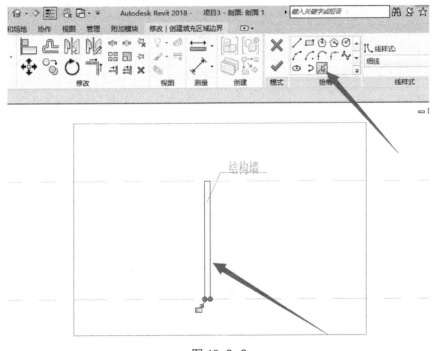

图 10.3-3

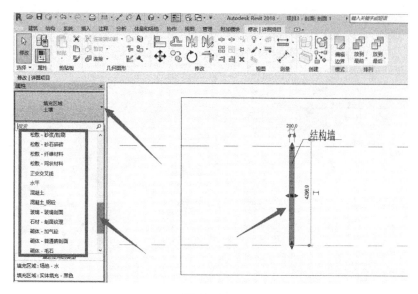

图 10.3-4

10.4 遮罩区域

操作方式和填充区域创建相同，同样可以直接绘制图形，并且此图案可以遮盖原来已有图案，点击完成后，选中遮罩区域，鼠标箭头变成十字光标，此时可以任意拖动遮罩区域（图 10.4）。

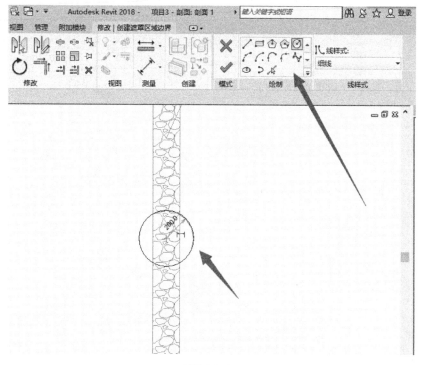

图 10.4

10.5 构件

　　选择构件下拉菜单中详图构件，可以放置工字钢筋，并且在三维里查找后发现刚刚放置的工字钢筋并不存在，所以它仅仅是一个符号，并不是实际物体，代表此位置有工字钢筋（图 10.5-1、图 10.5-2）。

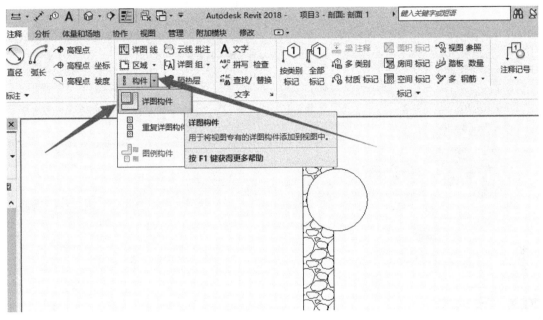

图 10.5-1

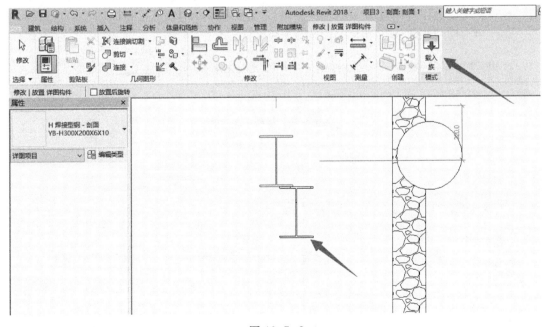

图 10.5-2

详图构件中，截面已经很复杂，在实际项目中并没有创建此构件时，可以通过载入族的方式来直接放置软件中已有的构件符号。插入选项卡下载入族命令，选择详图项目，没有的可以自己创建，有的可以直接拿来用，特别是常规和幕墙中，以及结构中的节点（图 10.5-3）。

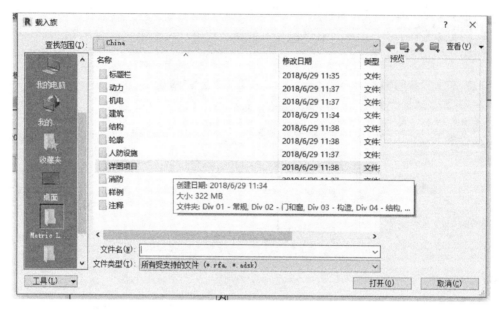

图 10.5-3

10.6 云线批注

一般用于项目中，比如看到一面墙有问题，选择注释选项卡下云线批注命令，形状可自己选择，云线批注可以设置，属性框中可以添加注释，比如需要将问题反馈给设计人员，备注里写明问题即可（图 10.6-1~图 10.6-3）。

图 10.6-1

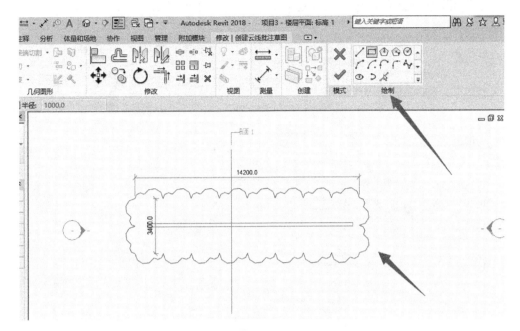

图 10.6-2

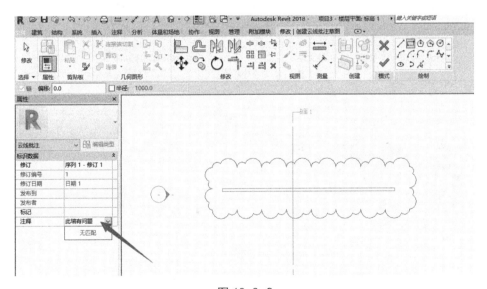

图 10.6-3

详图组，和模型组是一样的用法，比如之前创建的详图都框选，成组，这样就是详图组，可以整体复制。

10.7　隔热层

相当于一个线性放置方式，可以直接绘制也可以使用拾取线命令，但只能是直线，一般用于幕墙中，幕墙中有防火分区，例如防火岩棉，选择隔热层命令，直接绘制或使用拾取线命令，并且属性框可以设置隔热层宽度（图 10.7-1、图 10.7-2）。

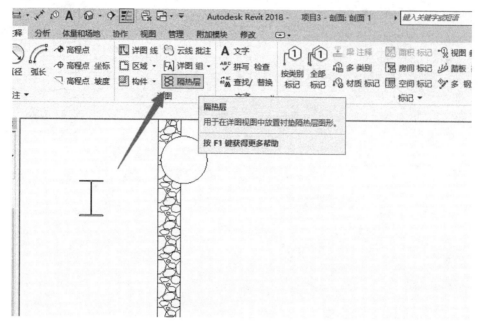

图 10.7-1

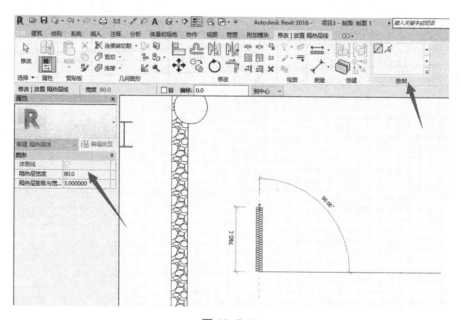

图 10.7-2

详图这一部分，虽然比较好用，但是一般不用，最好还是在剖面里直接添加材质标记。

第 11 章　地形场地

使用 Revit 提供的场地工具，可以为项目创建场地三维地形模型、场地红线、建筑地坪等构件，完成建筑场地设计。

首先点击建筑样板新建一个项目文件，打开场地楼层平面，可以查看场地的视图范围就是在一层的基础上可以查看 100m 高的视图，这也是和标高 1 平面视图的区别（图 11-1）。

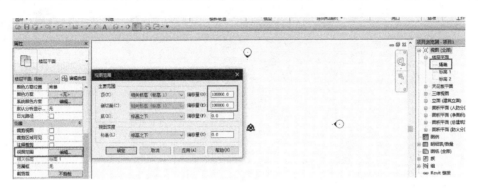

图 11-1

视图可见性（快捷键 VV），可以设置项目基点和测量基点的显示（图 11-2）。

图 11-2

11.1 地形表面的创建

放置高程点构建地形表面，手动放置地形轮廓点并指定放置轮廓点的高程，Revit 将根据指定的地形轮廓点，生成三维地形表面（图 11.1-1）。

在"体量和场地"选项卡"场地建模"面板中单击"地形表面"按钮，然后在场地平面视图中放置几个点，作为整个地形的轮廓，设置高程为 0，接着在中间设置高程为 5m 的区域（图 11.1-2）。

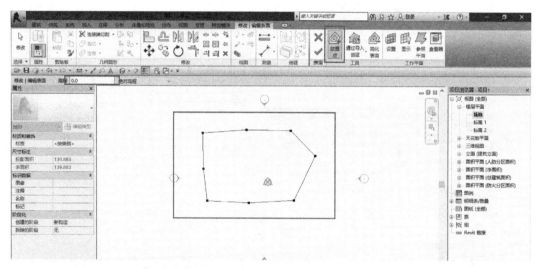

图 11.1-1

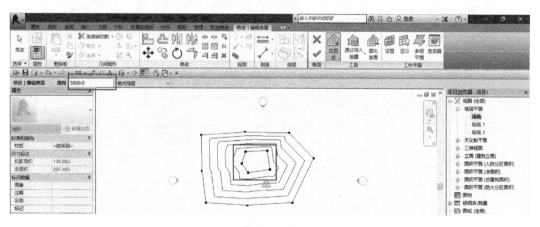

图 11.1-2

切换到三维视图，查看模型，并点上方对勾击完成（图 11.1-3）。

点击右下角小箭头设置等高线，设置间隔为 1m，点击应用并点击确定（图 11.1-4、图 11.1-5）。

创建建筑地坪，点击"场地建模"面板中单击"建筑地坪"按钮，创建地坪，在地形范围内绘制边界，点击"完成"（图 11.1-6）。

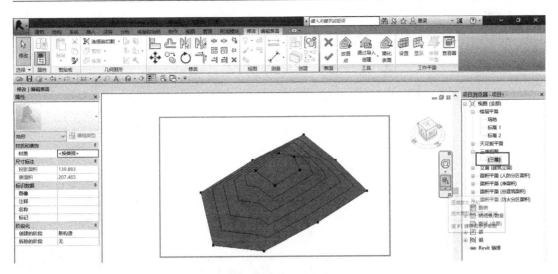

图 11.1-3

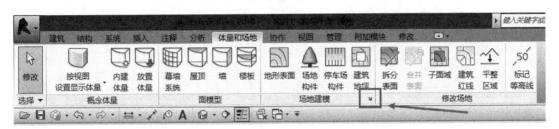

图 11.1-4

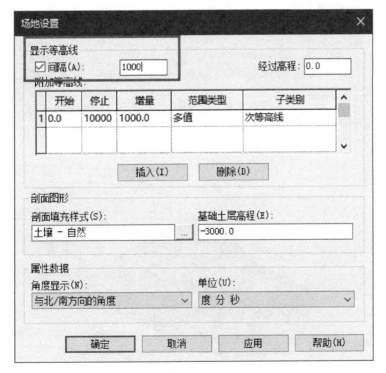

图 11.1-5

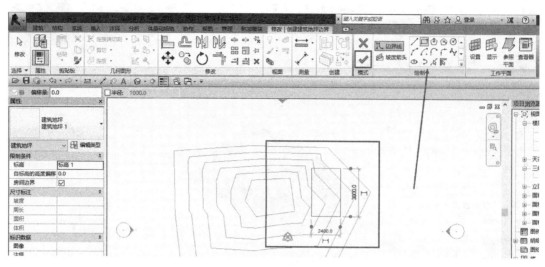

图 11.1-6

在场地楼层平面中选中建筑地坪，设置标高偏移 3m，并去三维视图中查看效果（图 11.1-7、图 11.1-8）。

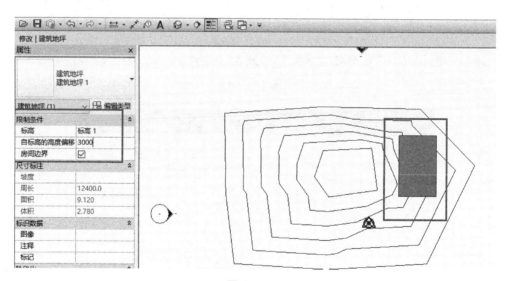

图 11.1-7

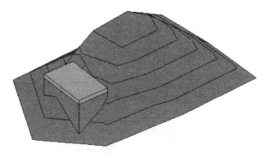

图 11.1-8

11.2 场地修改

11.2.1 创建地形表面子面域

子面域定义可应用不同属性集（例如材质）的地形表面区域。在修改场地面板选择"子面域"命令，在场地楼层平面绘制区域，点击"完成"（图 11.2-1、图 11.2-2）。

图 11.2-1

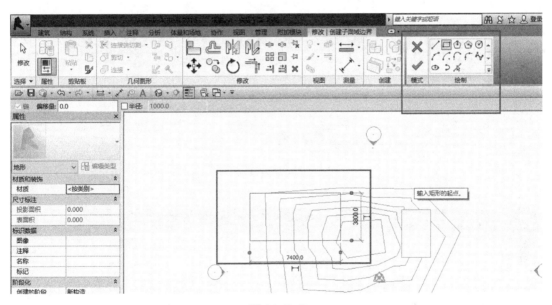

图 11.2-2

点击"子面域"，可以在属性栏设置相应的材质（图 11.2-3）。

11.2.2 拆分地形表面和合并地形表面

拆分地形表面，可以将一个地形表面拆分为两个不同的表面，然后分别编辑这两个表面。在拆分表面后，可以为这些表面指定不同的材质来表示公路、湖、广场或丘陵。

合并地形表面，可以将两个单独的地形表面合并为一个表面（图 11.2-4、图 11.2-5）。

合并地形表面，需删除拆分的点，在点击"完成"，再点击合并地形表面选择小的拆分区域和大的区域完成合并（图 11.2-6、图 11.2-7）。

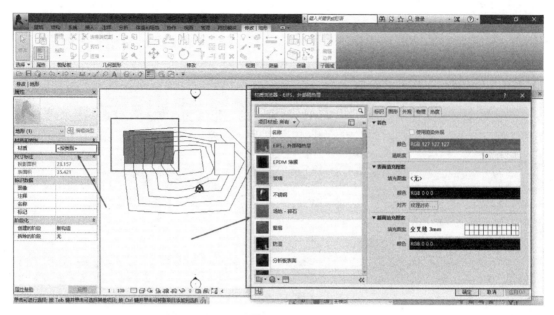

图 11.2-3

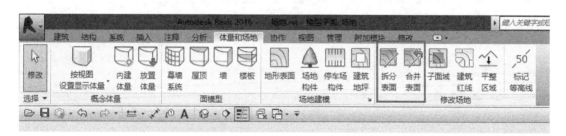

图 11.2-4

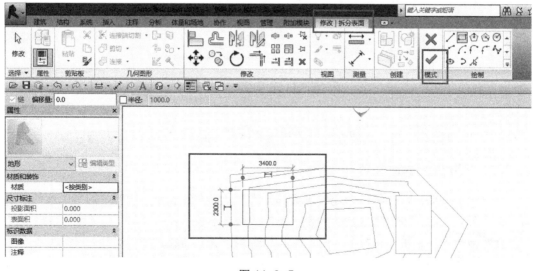

图 11.2-5

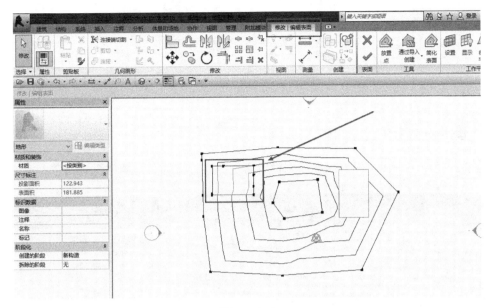

图 11.2-6

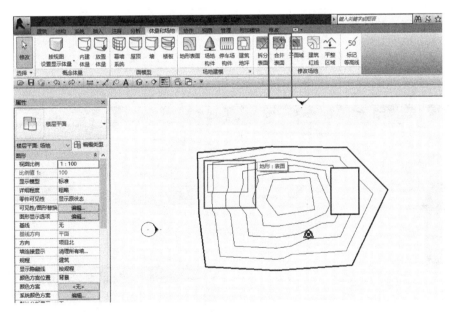

图 11.2-7

第 12 章 材 质

12.1 图形的修改

在管理选项卡下面，设置面板找到材质命令，进入材质浏览器（图 12.1-1）。

图 12.1-1

12.1.1 表面填充与截面填充

点击下方圆球状图标右侧下拉箭头，新建材质，在右侧面板，图形选项卡下有表面填充图案设置和截面填充图案设置（图 12.1-2）。

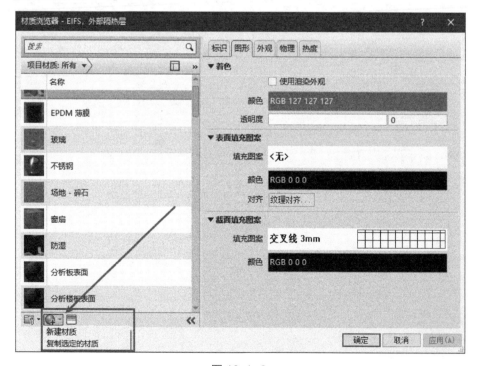

图 12.1-2

点击填充图案右侧的区域调出材质样式对话框，选择合适的图案并"确定"完成（图 12.1-3）。

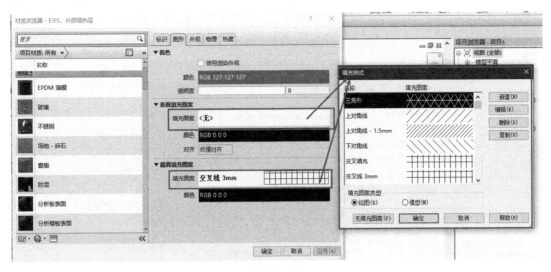

图 12.1-3

12.1.2 绘图与模型

在填充样式里面会看到有"绘图"和"模型"两个选项。填充的时候若选用绘图，填充上的图案不会在旋转模型的时候同步旋转。若选用模型填充，填充上的图案会随模型一同旋转。

创建一个楼板并且为其设置材质，新建一个材质并为其设置表面填充图案，绘图新建一个图形（图 12.1-4、图 12.1-5）。

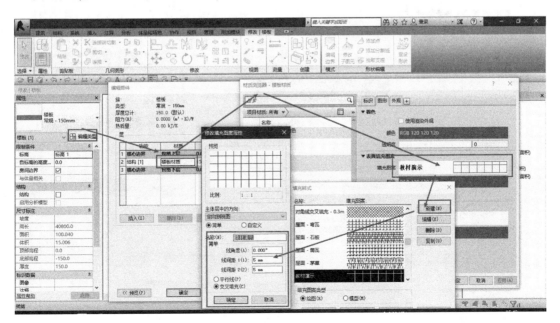

图 12.1-4

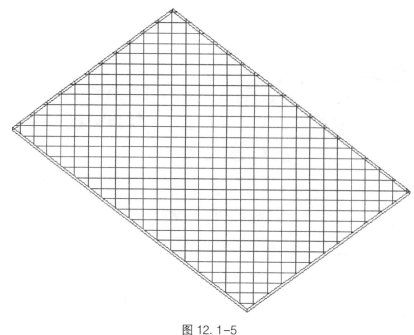

图 12.1-5

用同样的方法新建一个模型图形，并设置为其表面填充图形（图 12.1-6、图 12.1-7）。

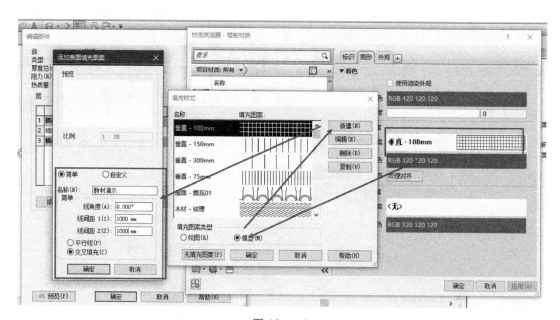

图 12.1-6

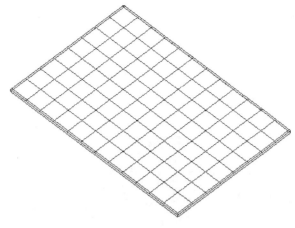

图 12.1-7

12.2　外观的修改

外观信息用于控制材质在预览和渲染中的显示方式。

新建材质后，在右侧控件打开资源浏览器，选中右侧材质，双击，可以快速替换，或者点击右侧箭头快速替换资源（图 12.2-1）。

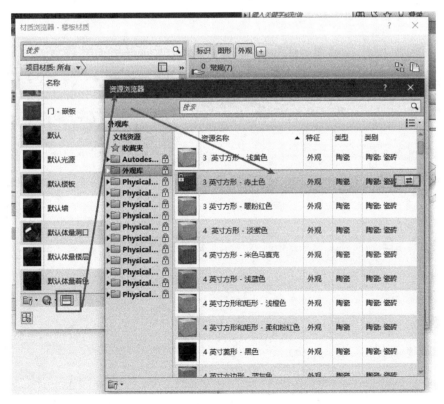

图 12.2-1

12.2.1 场景

根据需要可以将预览中的场景进行更换，球体、立方体、圆柱、帆布、对象、花瓶、悬垂性织物、玻璃幕墙、墙、液体池、工具（图 12.2-2）。

图 12.2-2

渲染设置也分为三个级别：草图品质、中等品质、产品品质（图 12.2-3）。

图 12.2-3

12.2.2 图像

控制材质的基本漫射颜色贴图。漫射颜色是对象在由直接日光或人造灯光照射时反射出的颜色。

点击图像区域右侧下拉小箭头，可以设置相关图像，主要用于图形的渲染外观（图12.2-4）。

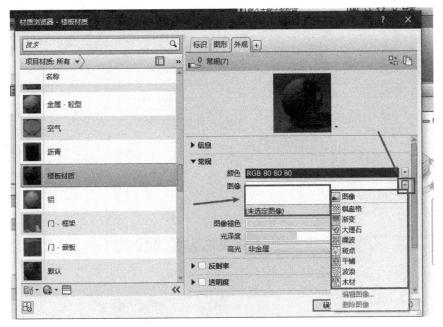

图 12.2-4

12.2.3 透明度

定义使用"常规材质属性"的渲染外观时，请记住表面的反射是由于光被表面反弹形成的。对于照射到表面的光，"透明度"和"半透明度"属性指定了被表面反弹回来的光量，而不是穿过表面或被表面吸收的光量。

透明度指定了以 90°角照射到表面并被反弹回来的光量。半透明的材质透光，但是，与透明材质不同的是，它还可以让光线形成散射，从而使那些材质背后的对象无法清晰地显示。

为了确定以任何其他角度从表面反弹回来的光量，Revit 将插入介入这两个值之间的值。"光泽度"属性的值可改变这些值对应的效果（图12.2-5）。

主要用于通过图片对形体进行光的过滤。这个功能一般用到得比较少，了解一下就可以。

12.2.4 自发光

制作灯具的时候会用到这个功能，设置自发光，达到渲染效果（图12.2-6）。

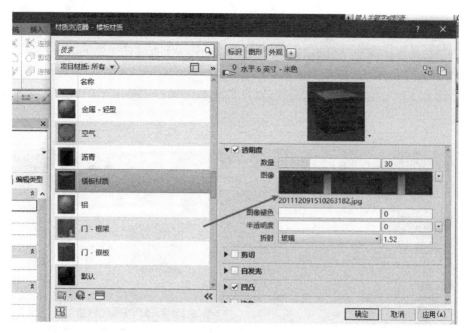

图 12.2-5

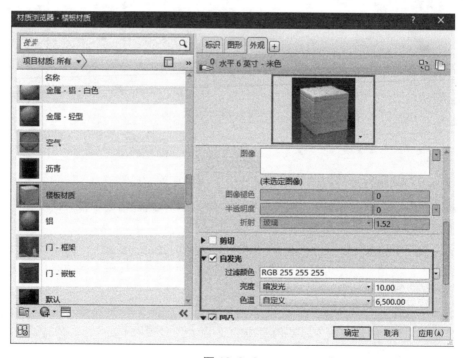

图 12.2-6

12.2.5　凹凸

凹凸主要用于纹理的凹凸显示，使效果更加逼真（图 12.2-7）。

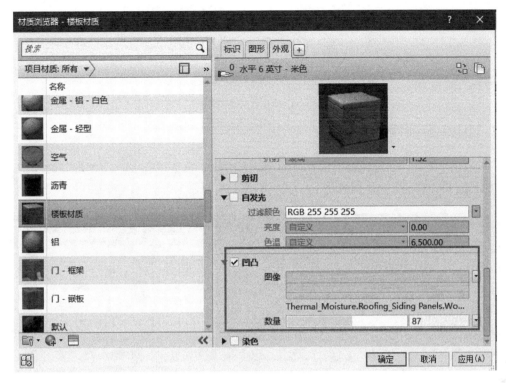

图 12.2-7

12.2.6 染色

通过染色功能,给材质赋予一种颜色,和着色模式有本质的区别,着色只是为了快速区分图元,而染色是从根本上,从材质本身赋予一个颜色,在真实渲染时体现效果(图12.2-8)。

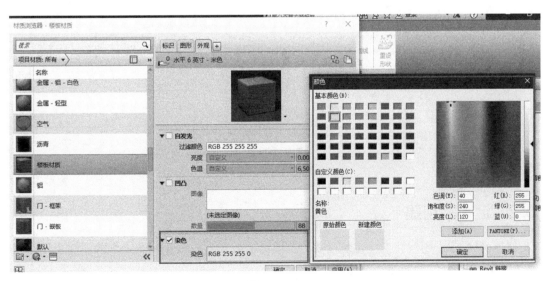

图 12.2-8

第13章 渲　染

13.1　相机的创建

在视图选项卡，创建面板，三维视图命令有右侧下拉菜单有一个"相机"命令，点击创建相机（图 13.1-1、图 13.1-2）。

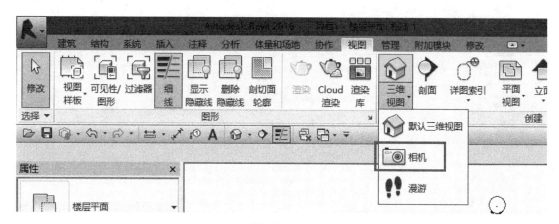

图 13.1-1

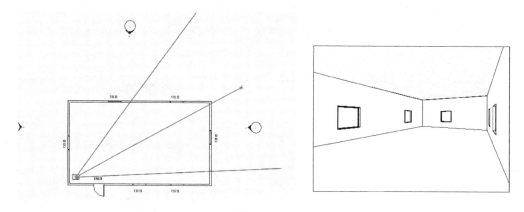

图 13.1-2

13.2　渲染的创建

在三维视图中创建渲染，建筑选项卡，图形面板找到"渲染"命令，查看渲染图形模型（图 13.2-1）。

为建筑物设置一定的材质，点击渲染，左上角的"渲染"按钮，进行渲染（图 13.2-2）。

图 13.2-1

图 13.2-2

13.3　渲染参数的调整

渲染参数包括：渲染引擎、渲染质量、渲染输出设置、渲染照明设置、渲染背景、图像调整，等等（图 13.3-1、图 13.3-2）。

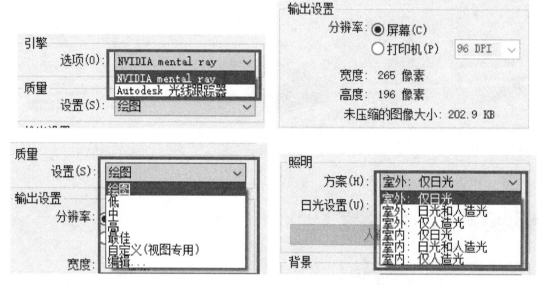

图 13.3-1

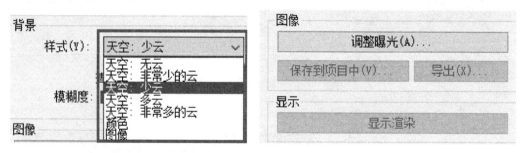

图 13.3-2

第14章 灯 光

14.1 照明设备的添加

新建一个建筑项目文件，在系统选项卡，电气面板，"照明设备"命令，并载入相关的族文件（图14.1-1）。

图14.1-1

此处要载入机电的文件下找到立灯，在选择一个族点击打开（图14.1-2、图14.1-3）。

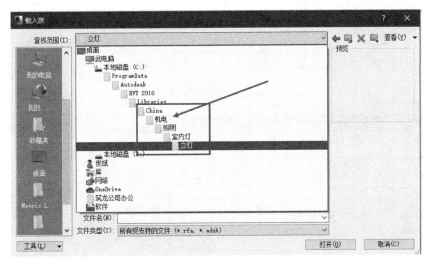

图14.1-2

可以在标高1中放置，也可以放置在一个基本建筑物里（图14.1-4）。

首先在标高1中创建一个基本的建筑小房子（图14.1-5、图14.1-6）。

隐藏一面墙，设置天花板下表面为工作平面，并导入吊顶灯具，放置在天花板下（图14.1-7、图14.1-8）。

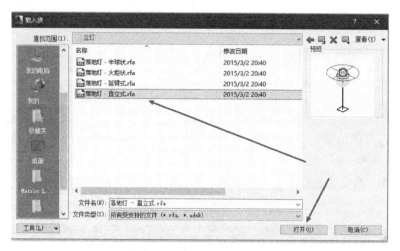

图 14.1-3

图 14.1-4

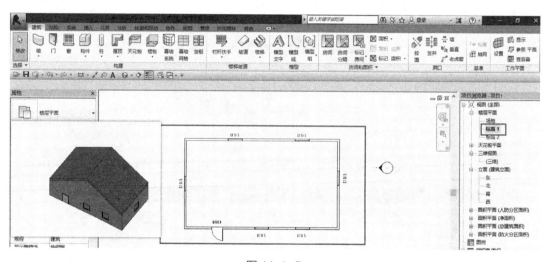

图 14.1-5

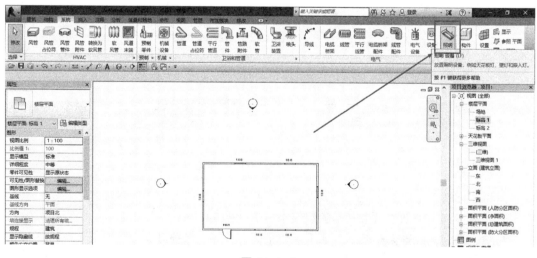

图 14.1-6

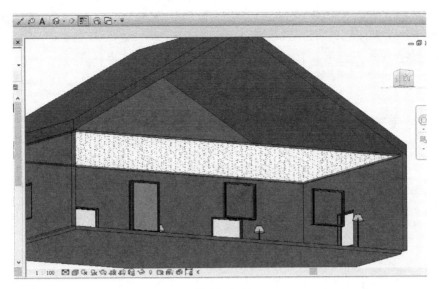

图 14.1-7

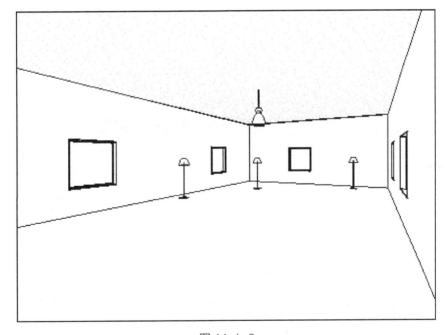

图 14.1-8

14.2 相机及灯光的添加

在视图选项卡，创建面板，三维视图命令右侧下拉菜单有一个"相机"命令，点击创建相机（图 14.2-1、图 14.2-2）。

并进入相机三维视图，查看效果。在标高 1 中打开视图可见性，找到照明设备，打开光源显示（图 14.2-3、图 14.2-4）。

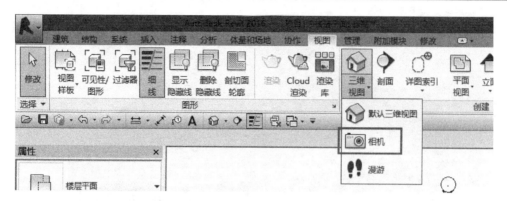

图 14.2-1

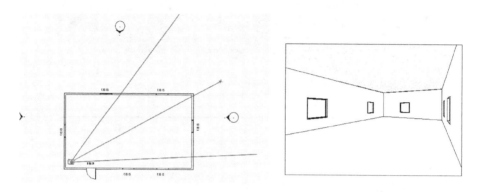

图 14.2-2

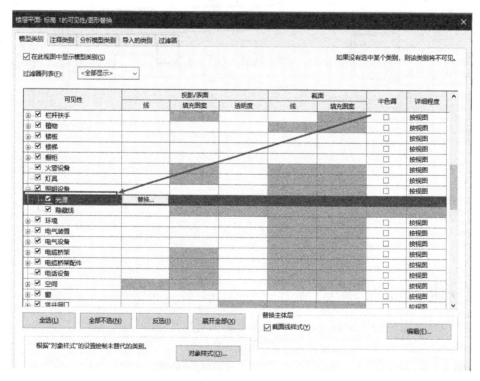

图 14.2-3

图 14.2-4

14.3 灯光参数的调整

灯的类型属性进行调整（图 14.3-1）。

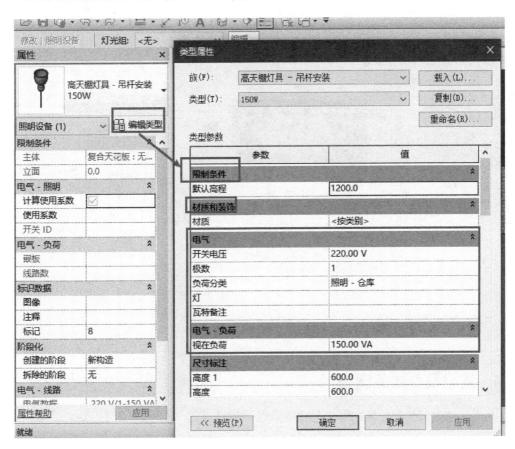

图 14.3-1

选中灯具，点击"编辑族"可以修改灯光参数（图 14.3-2、图 14.3-3）。

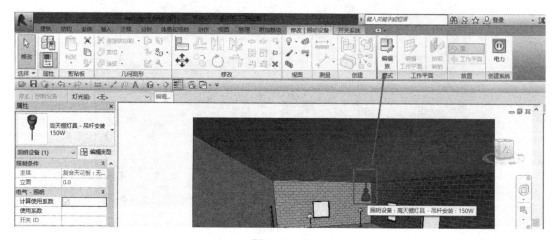

图 14.3-2

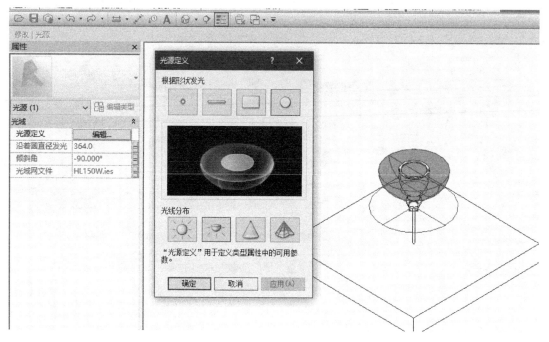

图 14.3-3

14.4　渲染及参数的调整

将视觉样式调制着色模式下，进行渲染查看效果（图 14.4-1、图 14.4-2）。

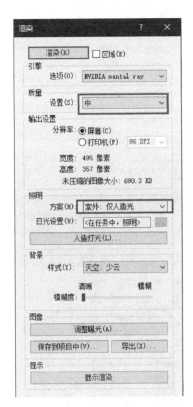

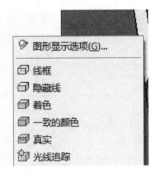

图 14.4-1

图 14.4-2

第 15 章　漫　游

15.1　漫游的创建

在视图选项卡中的三维视图下拉选项中选择"漫游"命令（图 15.1-1）。

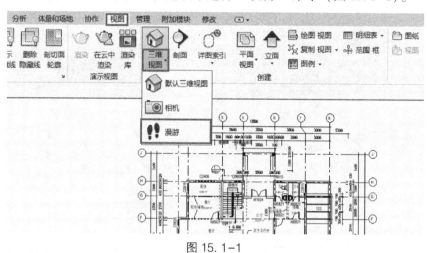

图 15.1-1

绘制如图所示的路径，点击"完成漫游"（图 15.1-2）。

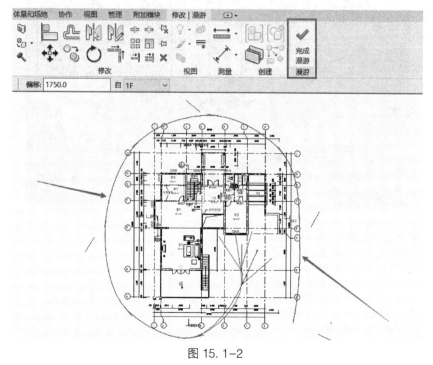

图 15.1-2

点击"编辑漫游"命令，通过拖拽相机上方的控制柄调整相机的方向（图 15.1-3、图 15.1-4）。

图 15.1-3

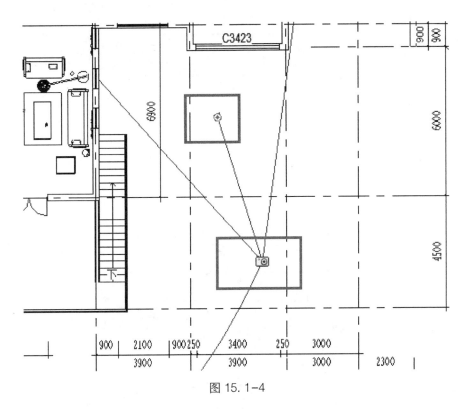

图 15.1-4

点击"上一关键帧"，依次调整所有的相机，使所有相机都朝向建筑（图 15.1-5、图 15.1-6）。

点击"播放"，预览相机路径及相机漫游时的朝向（图 15.1-7）。

点击"打开漫游"，进入三维漫游，将视觉样式改为真实，效果如图 15.1-8 所示。

再次点击"播放"，查看三维漫游效果（图 15.1-9）。

Esc 键可以停止漫游（图 15.1-10）。

属性面板中的漫游帧可以对视频进行调整，通过总帧数和"帧/秒"调整总时长及视频流畅性（图 15.1-11）。

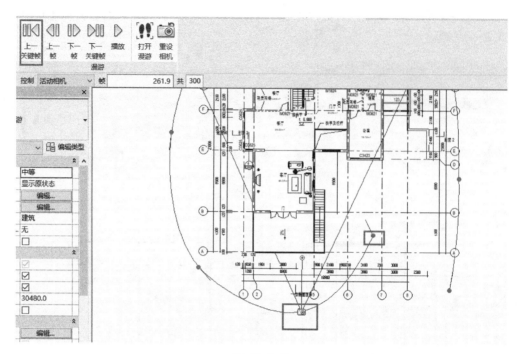

图 15.1-5

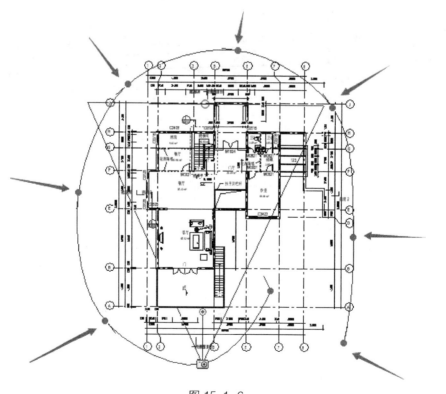

图 15.1-6

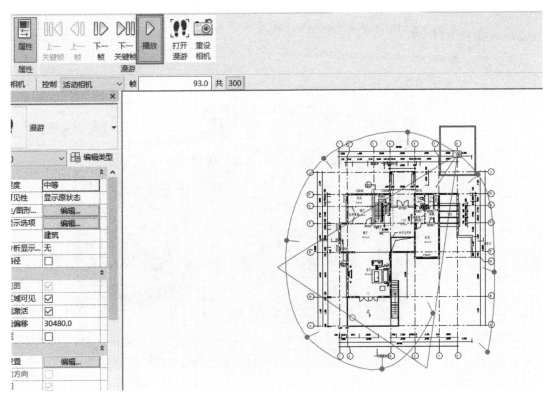

图 15.1-7

图 15.1-8

图 15.1-9

图 15.1-10

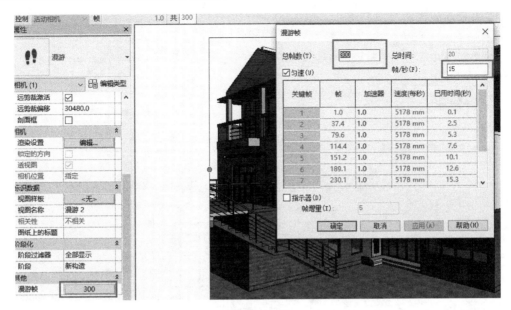

图 15.1-11

15.2　漫游的修改

项目浏览器中的漫游右键，显示相机可以显示漫游路径，进行二次修改（图 15.2-1）。

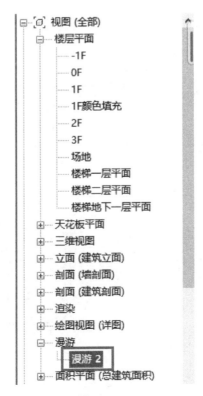

图 15.2-1

点击"编辑漫游"进行修改（图 15.2-2）。

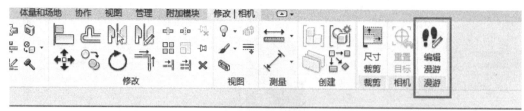

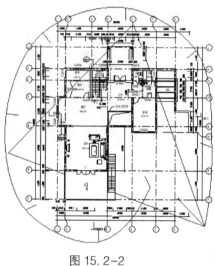

图 15.2-2

控制命令可以选择对漫游的相机、路径进行修改，同时可以添加或删除关键帧（图 15.2-3）。

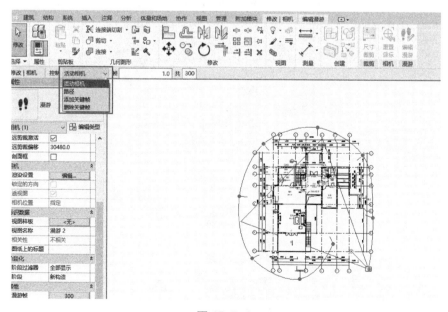

图 15.2-3

在三维中拖拽视图框可以调整视图范围（图 15.2-4）。

图 15.2-4

通过"上一关键帧"和"下一关键帧"可以在三维中调整每个相机的视口方向（图 15.2-5）。

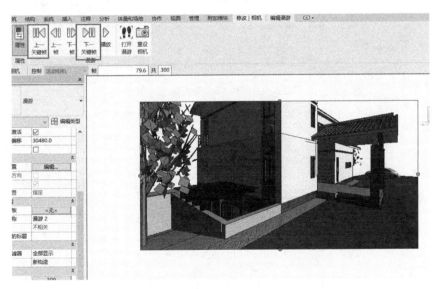

图 15.2-5

15.3 漫游的导出

点击左上角，在导出中选择"图像和动画"中的漫游（图 15.3-1）。

在弹出的对话框中选择视觉样式和输出长度（图 15.3-2）。

文件类型选择.avi 格式（图 15.3-3）。

视频压缩效果选择 Microsoftvideo 1（图 15.3-4）。

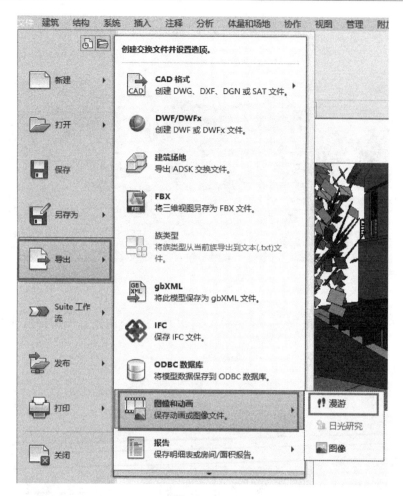

图 15.3-1

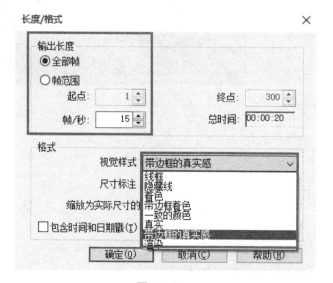

图 15.3-2

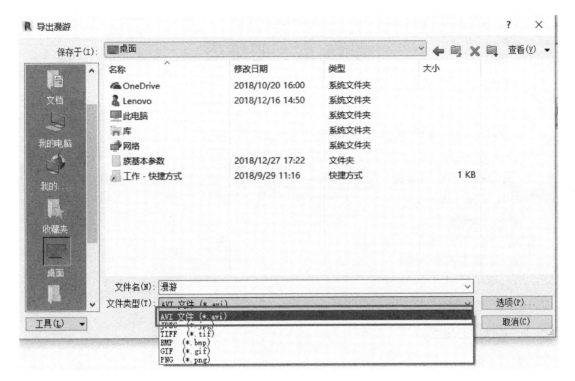

图 15.3-3

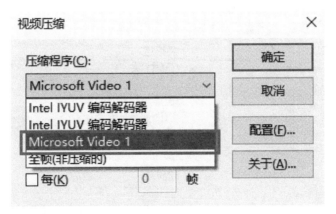

图 15.3-4

第 16 章　明细表

明细表以表格形式显示信息，这些信息是从项目中的图元属性中提取的。明细表可以列出要编制明细表的图元类型的每个实例，或根据明细表的成组标准将多个实例压缩到一行中。要想熟练掌握明细表，需清楚字段、过滤、排序/成组、格式、外观中的各个命令，需要时可以快速找到。

本章学习目标：

（1）明细表的创建及参数调整。

（2）明细表界面调整。

（3）多类别明细表的创建。

16.1　创建明细表

单击"视图"选项卡"创建"面板下"明细表"下拉箭头"明细表/数量"命令，选择要统计的构件类别，例如窗，设置明细表名称，点击"确定"（图 16.1-1）。

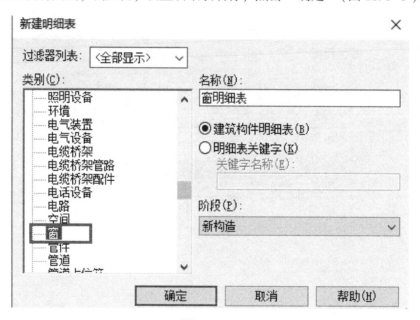

图 16.1-1

"字段"选项卡：从"可用的字段"列表中选择要统计的字段，点"添加"移动到"明细表字段"列表中，"上移"、"下移"调整字段顺序（图 16.1-2）。

"过滤器"选项卡：设置过滤器可以统计其中部分构件，不设置则统计全部构件。如图 16.1-3 所示为只统计标高 1 中的窗。

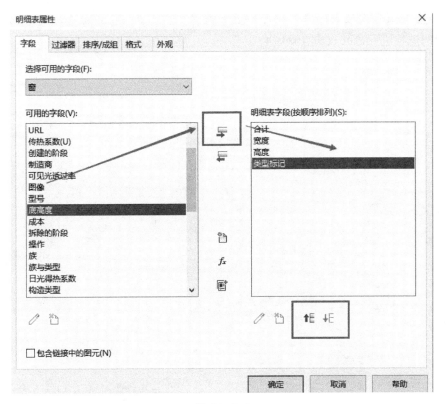

图 16.1-2

图 16.1-3

"排序/成组"选项卡：设置排序方式，选择"总计"、取消"逐项列举每个实例"按排序中的选项进行合并（图 16.1-4）。

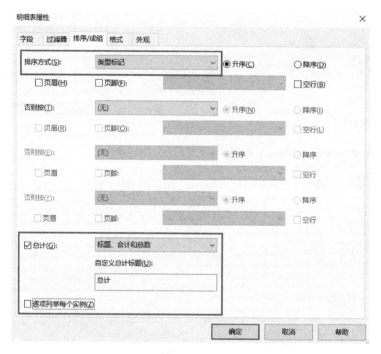

图 16.1-4

"格式"选项卡：需要计算总数时勾选"计算总数"选项（图 16.1-5）。

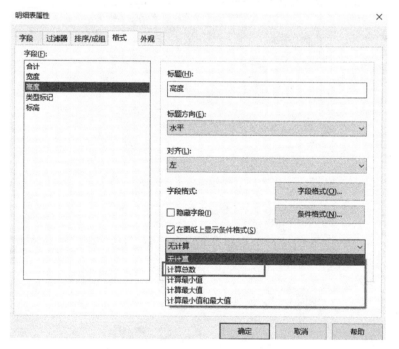

图 16.1-5

16.2　创建多类别明细表

单击"视图"选项卡"创建"面板下"明细表"下拉箭头"明细表/数量"命令，在"新明细表"对话框的列表中选择"多类别"，单击"确定"（图 16.2）。

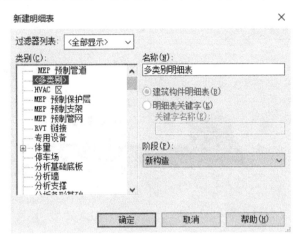

图 16.2

设置过滤器、排序/成组、格式、外观等属性，确定创建多类别明细表。

16.3　明细表的进阶

利用多类别创建两个或者三个类别图元组合到一起的明细表。

首先新建一个项目参数，管理选项卡——设置面板，添加项目参数，参数类型选择文字，类别选择窗和门（图 16.3-1）。

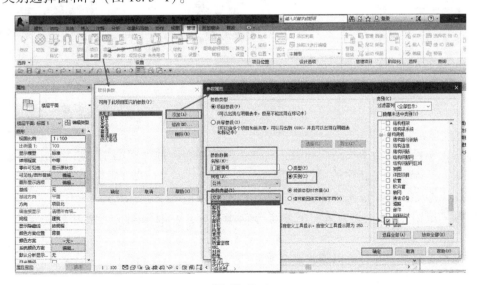

图 16.3-1

选择整个模型，在过滤器中选择，窗和门，点击"确定"，在属性栏中设置刚才新建的项目参数设置文字内容为 1（图 16.3-2、图 16.3-3）。

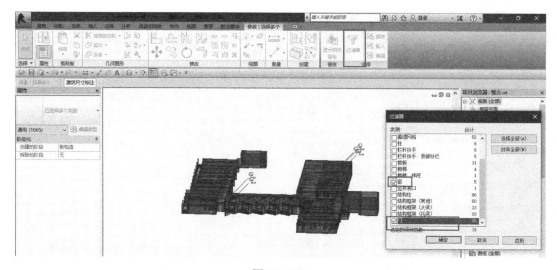

图 16.3-2

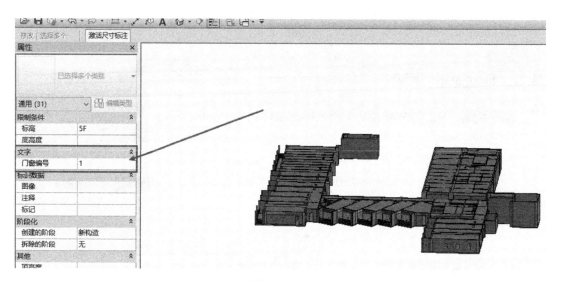

图 16.3-3

然后在项目浏览器中找到明细表，右键新建明细表，选择多类别，添加字段参数：类别、类型、门窗编号（新建的项目参数名称）、合计，等等（图 16.3-4）。

在过滤器中，添加过滤条件，设置为：门窗编号值等于 1（图 16.3-5）。

"排序/成组"，按类型方式，下方勾选总计命令，并取消勾选"逐项列举每个实例"（图 16.3-6）。

可以查看效果，并且可以编辑表名，隐藏门窗编号一栏（图 16.3-7）。

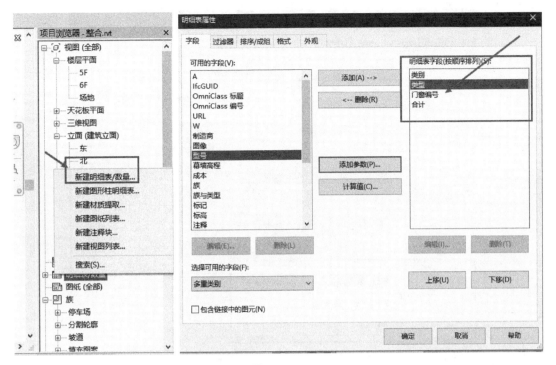

图 16.3-4

图 16.3-5

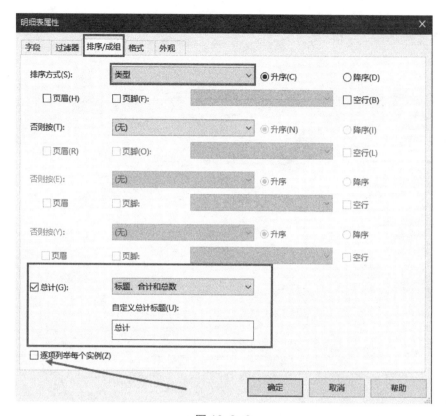

图 16.3-6

<多类别明细表>			
A	**B**	**C**	**D**
类别	类型	门窗编号	合计
窗	0406 x 1830mm	1	2
窗	0915 x 1220mm	1	3
门	1800 x 2400mm	1	4
门	3600 x 2400mm	1	22
总计: 31			

图 16.3-7

第 17 章 图 纸

用标明尺寸的图形和文字来说明工程建筑、机械、设备等的结构、形状、尺寸及其他要求的一种技术文件。在完成模型的创建后，可以根据需求，快速地把模型、平立面、剖面、明细表呈现在图纸上，对参数进行适当的调节后，添加注释，就可以导出 DWG 格式图纸。

本章学习目标：

（1）图纸的创建。

（2）剖面的添加。

（3）添加视图到图纸并修改视口属性。

（4）图纸导出。

17.1 图纸的创建

创建图纸，首先需要创建图框及标题栏，点击"视图"选项卡中的"图纸"命令，在弹出的对话框中选择对应的图纸，如"A3 公制"，点击确定创建（图 17.1）。

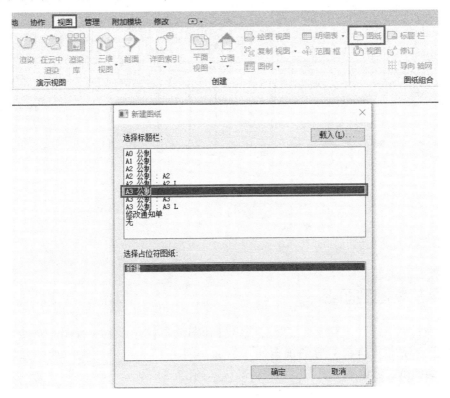

图 17.1

17.2 添加剖面

在图纸的创建中，通常会创建剖面图，需先创建剖面。"视图"选项卡点击"剖面"命令（图 17.2-1），根据需求在平面添加剖面，通过蓝色虚线适当调整剖切范围，在"项目选项卡"中会自动添加"剖面"选项（图 17.2-2）。

图 17.2-1

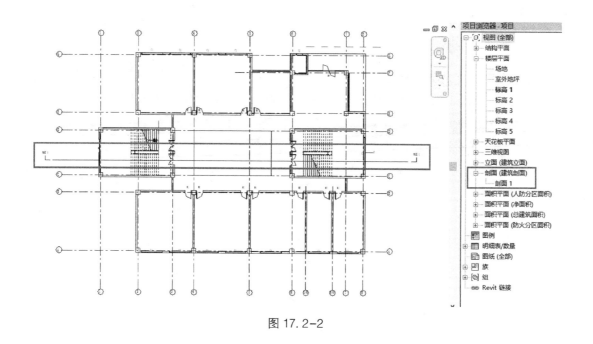

图 17.2-2

17.3 添加视图到图纸

在"项目浏览器"中双击已建好的图纸打开图纸窗口，点击"视图"命令，在弹出的"视图"对话框中选择对应的视图如"剖面：剖面 1"，点击"在图纸中添加视图"，移动视图到图纸合适位置后点击鼠标左键确认（图 17.3）。

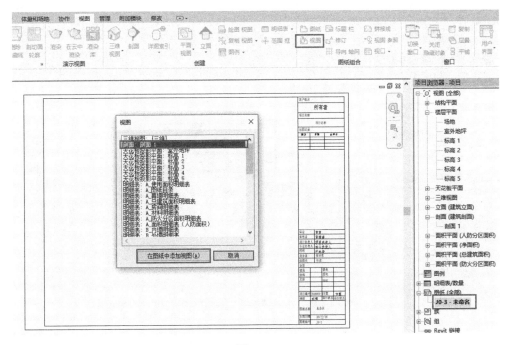

图 17.3

17.4 视口修改

添加完的视口需要进行适当调整，选择视口，属性面板"视图比例"中对视图比例进行调整（图 17.4-1），在"标识数据"中的"视图名称"修改当前视图的名称，同时，可在属性中对"剪裁框"进行调整（图 17.4-2），取消勾选会隐藏"剪裁框"。

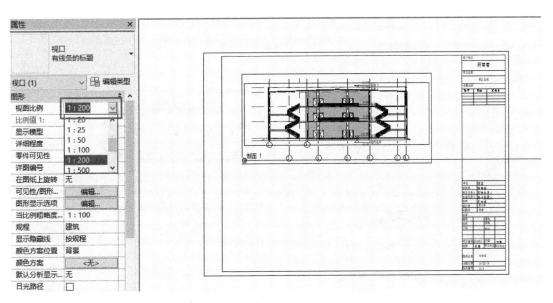

图 17.4-1

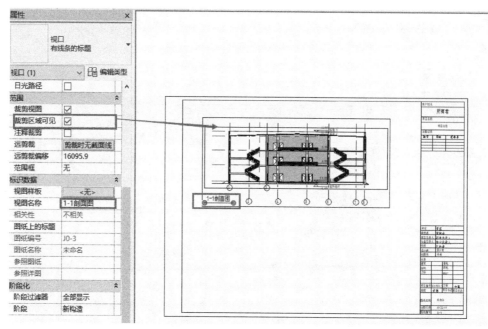

图 17.4-2

17.5 图纸导出

图纸调整完成后，需导出为 DWG 文件，点击左上角，选择"导出"中"CAD 格式"命令下的"DWG"（图 17.5-1），在弹出的对话框中直接点下一步，再次弹出的对话框中

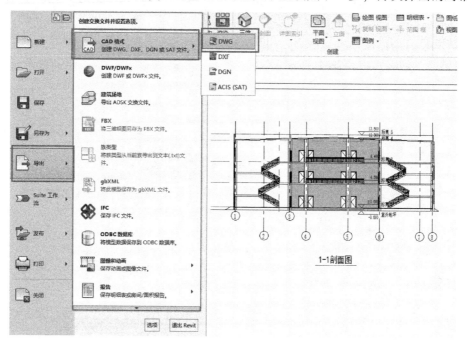

图 17.5-1

对 DWG 文件的名称进行修改，取消勾选"将图纸上的视图和链接作为外部参照导出"（图 17.5-2），如图纸明确要求将图纸上的视图和链接作为外部参照导出则勾选，完成 DWG 文件的创建。

图 17.5-2

17.6 出图进阶

在导出图纸时需要对图纸进行一定的设置，点击右上角 ⋯ 这个图框，修改设置（图 17.6-1），并且在弹出的修改导出设置对话框内左下角可以新建设置（图 17.6-2）。

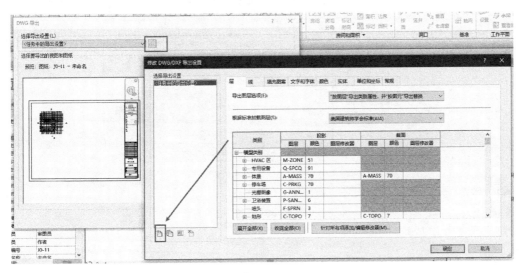

图 17.6-1

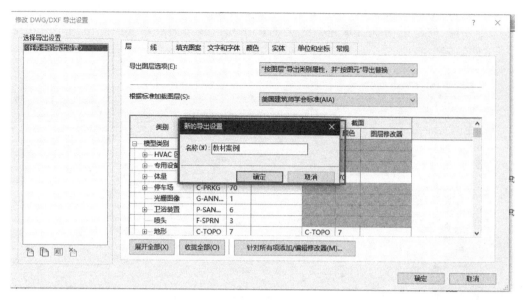

图 17.6-2

可以分别对"层""线""填充图案""文字和字体"等分别设置。以下分别是：图层名的修改和图层颜色的修改，线性的修改，选择字体的修改，填充图案的修改（图17.6-3~图17.6-6）。

图 17.6-3

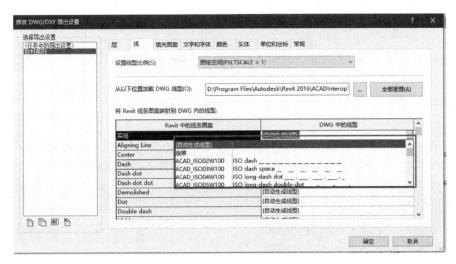

图 17.6-4

图 17.6-5

图 17.6-6

第 18 章 族

族是 Revit 中的重要组成部分，是根据参数（属性）集的共用、使用上的相同和图形表示的相似来对图元进行分组。一个族中不同图元的部分或全部属性可能有不同的值，但属性的设置是相同的。一个项目是由不同的族组成的。

本章的学习目标：

(1) 掌握族的创建方式并且会运用。

(2) 掌握族的基本类型会基本操作。

(3) 掌握并学会运用族的参数以及参数公式。

18.1 族的创建

在创建族的时候要明确自己创建的族类型，不同的族类型有不同的特性。

18.1.1 族的创建方式

在项目里可以在"项目浏览器"中直接找到族，这种族可以直接使用它。如图 18.1-1 中的左侧。

族有两种创建方式：（1）新建项目的首页，如图 18.1-2 所示。（2）新建项目中的族，如图 18.1-1 右侧所示。

18.1.2 族的创建模板

不同的族会有不同的模板，一般用得最多的是"公制常规模型"模板，如图 18.1-3 所示。公制常规模型如图 18.1-4 所示。按照图 18.1-1 新建"族"会出现以下模板。

18.1.3 族的创建

(1) 模板页面介绍

依照上面的方式，以"公制常规模型"为例来介绍族的创建。新建"族"——"公制常规模型"打开以后如图 18.1-5 所示。图中没有立面符号，两根相交线是参照平面。

在项目栏里只需要学会拉伸、融合、旋转、放样、空心形状。当然在使用中还会用到模型线、参照平面等。如图 18.1-6 所示。

(2) 族创建命令介绍

1) 创建拉伸

点击"创建"选项卡下的"拉伸"命令，自动激活"修改/创建拉伸"选项卡，绘制轮廓，可在内部绘制轮廓对模型开洞，在属性中可对"拉伸起点"与"拉伸终点"进行修改，调整拉伸长度与位置（图 18.1-7）。

图 18.1-1

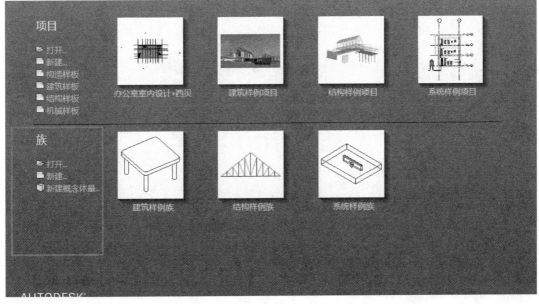

图 18.1-2

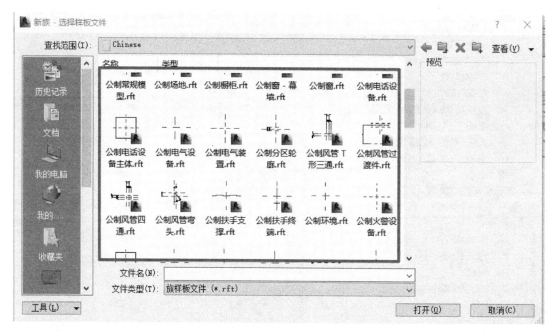

图 18.1-3

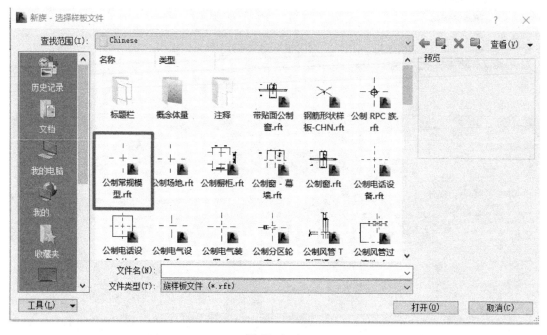

图 18.1-4

2）编辑拉伸

选择拉伸模型，自动激活"修改/拉伸"选项卡，"编辑拉伸"可对拉伸轮廓进行二次修改，属性栏中调整拉伸起点与终点。"属性"中标识数据可对模型实心、空心进行调整。也可直接拖拽模型上的箭头进行调整（图 18.1-8）。

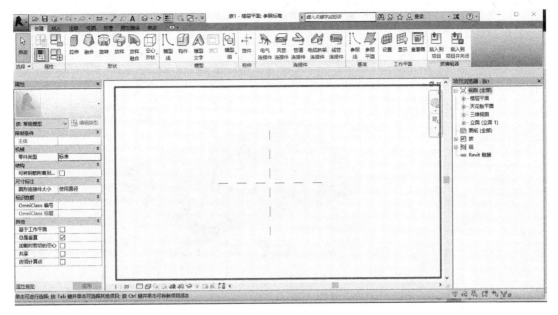

图 18.1-5

图 18.1-6

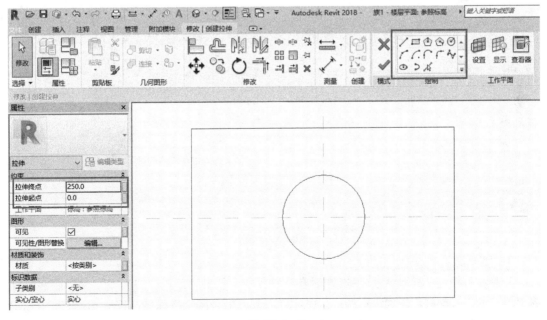

图 18.1-7

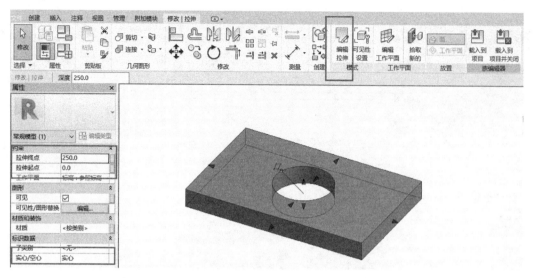

图 18.1-8

3）创建融合

"融合"一般由两个图形构成的。点击"创建"选项卡下的"融合"命令，自动激活"修改/创建融合"选项卡，默认为底部轮廓工作平面，绘制轮廓（图 18.1-9），完成后点击"编辑顶部命令"（图 18.1-10），跳转顶部工作平面，完成轮廓绘制，同时在属性栏调整融合高度（图 18.1-11），点击"完成"命令完成融合创建。

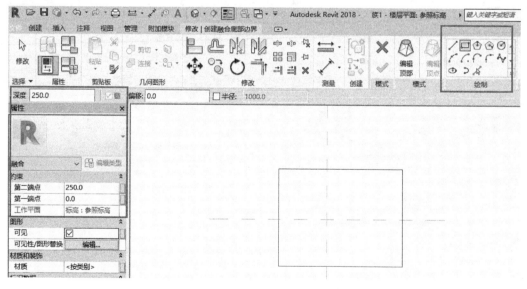

图 18.1-9

4）编辑融合

选择拉伸模型，自动激活"修改/融合"选项卡，点击"编辑顶部"或"编辑底部"分别对融合的顶部与底部轮廓进行调整，属性栏中调整融合两个平面的高度。"属性"中标识数据可对模型实心、空心进行调整。也可直接拖拽模型上的箭头进行调整（图 18.1-12）。

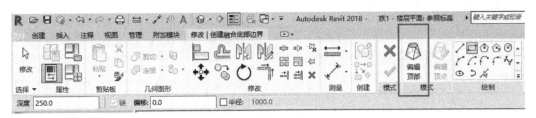

图 18.1-10

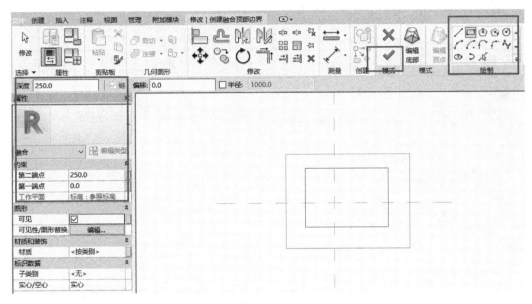

图 18.1-11

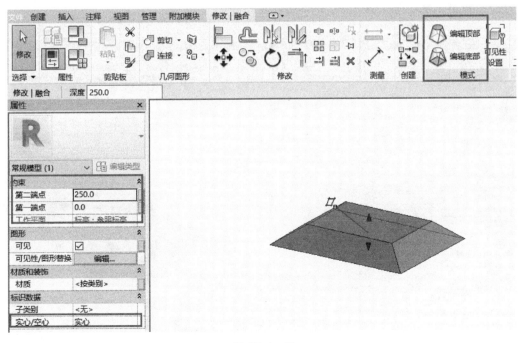

图 18.1-12

5）创建旋转

点击"创建"选项卡下的"旋转"命令，自动激活"修改/创建旋转"选项卡，分别点击"边界线"与"轴线"命令，绘制轮廓，"属性栏"调整旋转角度，点击"完成"（图 18.1-13）。

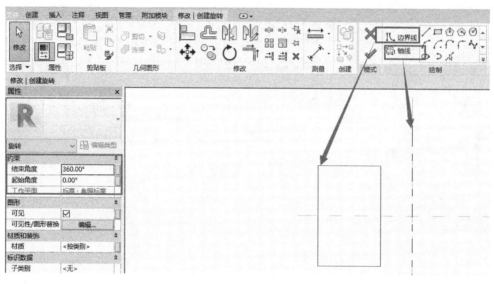

图 18.1-13

6）编辑旋转

选择拉伸模型，自动激活"修改/旋转"选项卡，"编辑旋转"可对旋转轮廓进行二次修改，属性栏中调整旋转起始、结束角度。"属性"中标识数据可对模型实心、空心进行调整。也可直接拖拽模型上的箭头进行调整（图 18.1-14）。

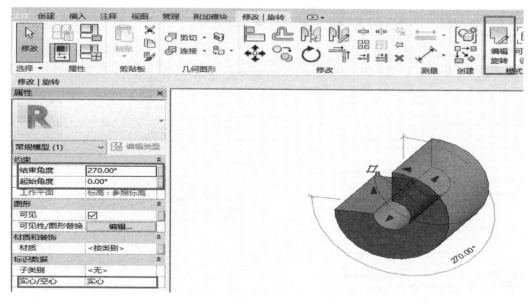

图 18.1-14

7）创建放样

点击"创建"选项卡下的"放样"命令，自动激活"修改/放样"选项卡，点击"绘制路径"（图18.1-15）跳转到路径绘制界面，工作平面垂直于路径的第一条线，绘制完点击"完成"（图18.1-16）。点击"编辑轮廓"命令（图18.1-17），选择绘制视图，如"立面：右"（图18.1-18），跳转到右立面进行绘制，图中红点为路径位置（图18.1-19），绘制完点击"完成"命令，再次点击"完成"才能完成放样创建（图18.1-20）。

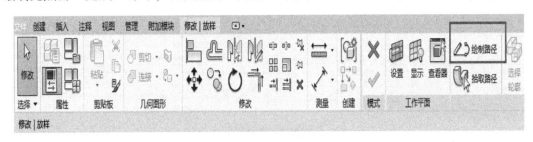

图 18.1-15

图 18.1-16

8）编辑放样

选择放样模型，自动激活"修改/放样"选项卡，"编辑放样"可对拉伸轮廓进行二次修改（图18.1-21），点击绘制路径对放样路径进行修改，修改轮廓需先点"选择轮廓"才

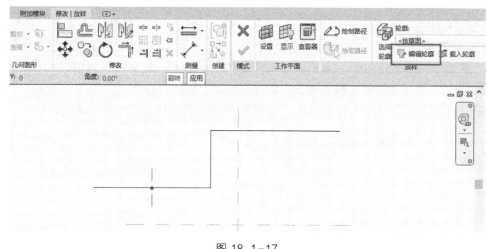

图 18.1-17

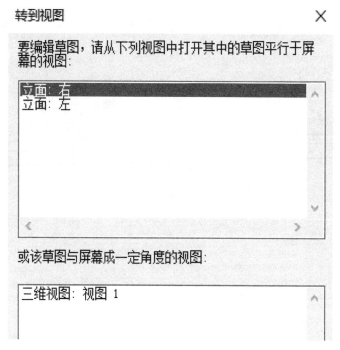

图 18.1-18

能激活"编辑轮廓"命令，点击"编辑轮廓"命令对放样轮廓进行修改（图 18.1-22）。

9）创建放样融合

点击"创建"选项卡下的"放样融合"命令，自动激活"修改/放样融合"选项卡，点击"绘制路径"（图 18.1-23）跳转到路径绘制界面，放样融合路径只能为一条直线或一条曲线，工作平面垂直于路径的两端，绘制完点击"完成"（图 18.1-24）。点击"选择轮廓 1"后激活"编辑轮廓"命令，点击"编辑轮廓"跳转到相应视图完成轮廓 1 的绘制，同样的操作完成轮廓 2 的绘制，点击"完成"命令完成绘制（图 18.1-25）。

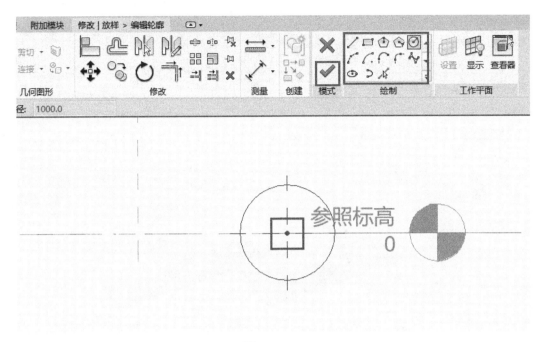

图 18.1-19

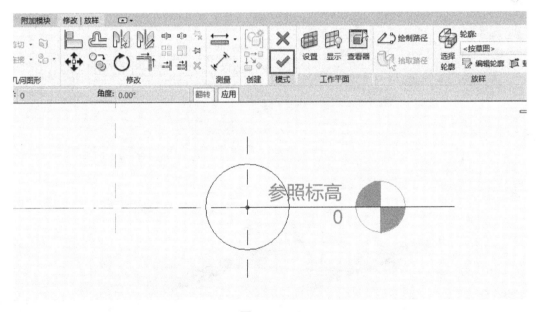

图 18.1-20

10）编辑放样融合

选择放样模型，自动激活"修改/放样融合"选项卡，点击"编辑放样融合"命令进行修改，"绘制路径"对放样融合命令进行修改，"选择轮廓 1"与"选择轮廓 2"对放样融合的两个平面进行修改（图 18.1-26）。

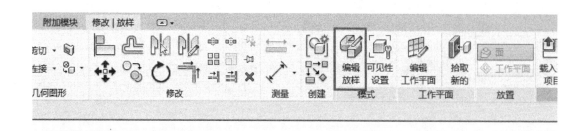

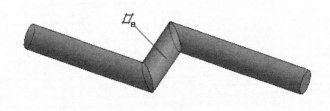

图 18.1-21

图 18.1-22

图 18. 1-23

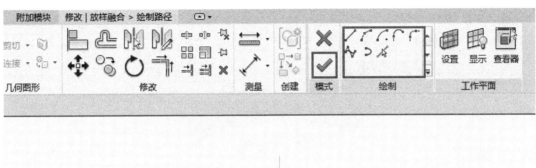

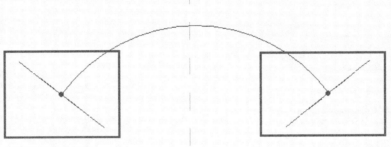

图 18. 1-24

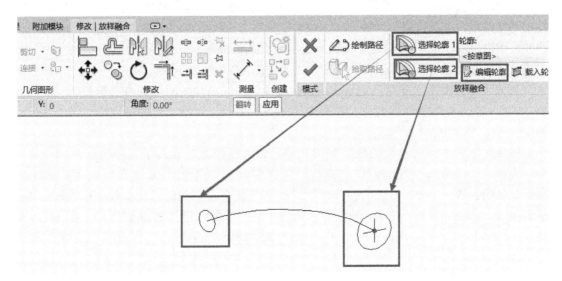

图 18. 1-25

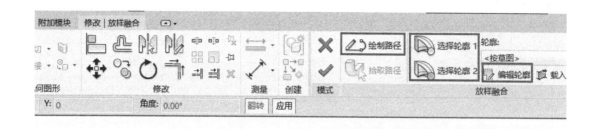

图 18.1-26

18.2 族的基本类型

18.2.1 嵌套族

嵌套族其实是族的一种用法，分为母族与子族，是母族与子族的一种关系。例如：在族中的桌椅组合，桌椅就是母族，椅子和桌子分别为桌椅组合的子族。只做嵌套族至少分两步。下面以制作一个"梳子"为例来演示嵌套族的做法。先建一个族创建"拉伸"并且进行"添加参数"后，设为族 1，在建一个族同样"添加参数"后，设为族 2 并"载入"到族 1 中，根据"阵列"把族 2 的数量增加，并且添加新的参数为"个数"，如何让族 1 的变化直接影响族 2 的变化，需要用"对齐"命令，后把二者的对齐边"锁上"。如图 18.2-1、图 18.2-2 所示。

需要把子族中的"参数关联"到母族中，以方便更改。双击子族会出现"编辑族"框，点击子族，选择"类型属性"，进行"关联参数"，为防止与母族参数混淆，所以需要添加新的参数，添加参数之后，打开"族类型"就会看到新添的族参数。更改族参数，或者也可以添加族参数，比如：材质等，就会得到想要的效果。如图 18.2-3、图 18.2-4 所示。

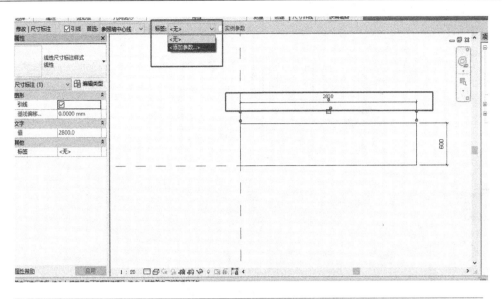

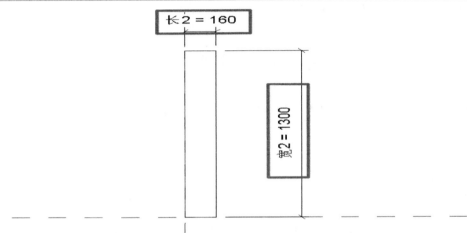

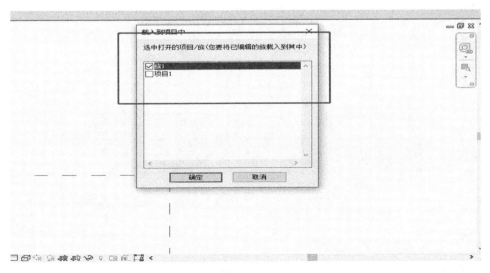

图 18.2-1

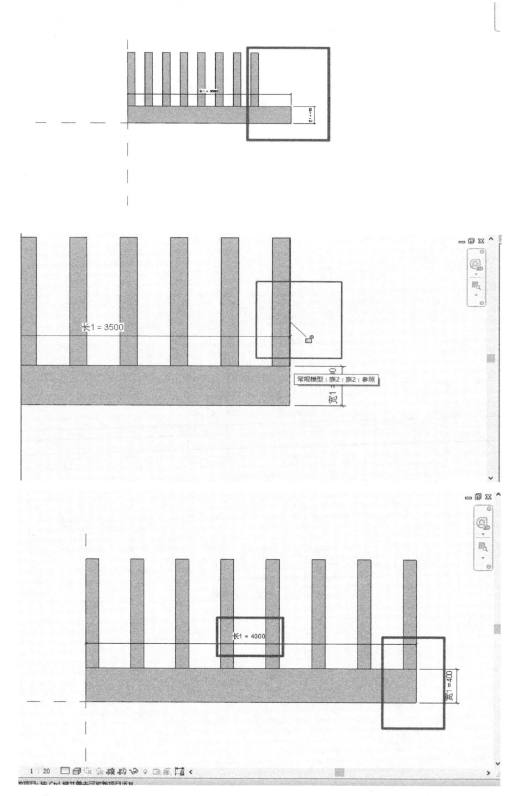

图 18.2-2

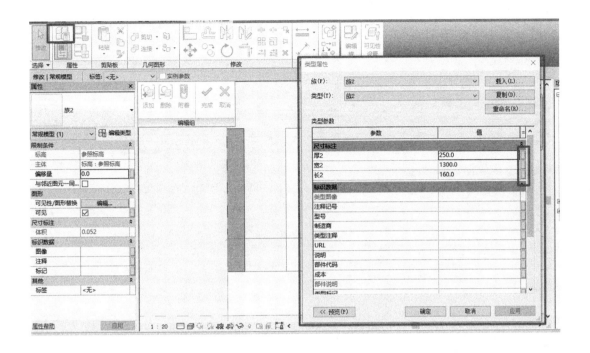

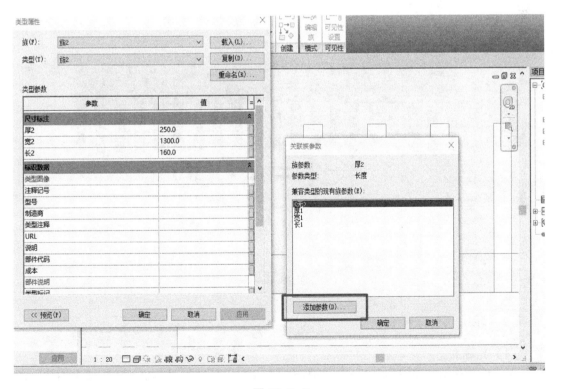

图 18.2-3

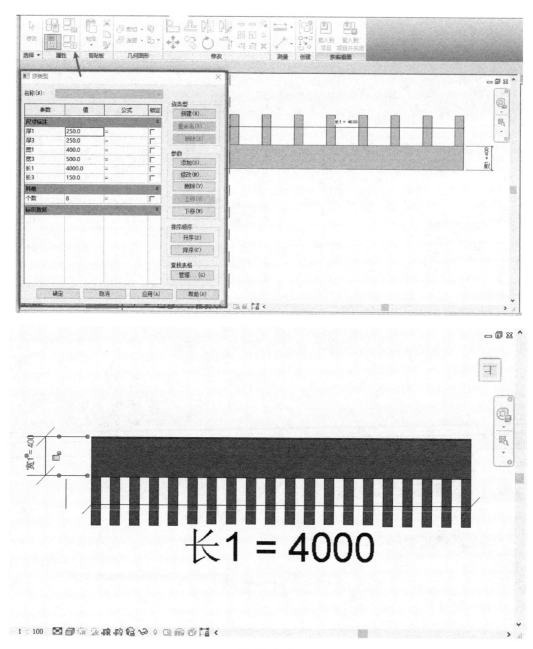

图 18.2-4

18.2.2 轮廓族与注释族

（1）轮廓族

轮廓族就是一些像墙饰条、分隔条等这种简单的并且依附于其他的建筑模型而存在的族。一般创建轮廓族的时候使用公制轮廓，公制轮廓可以通用于各种不同功能的轮廓族。一般轮廓族用得最多的就是墙上的散水。新建一个"公制轮廓族"，"绘制轮廓"载入到项目后在"编辑类型"里找到即可。制作过程如图 18.2-5 所示。

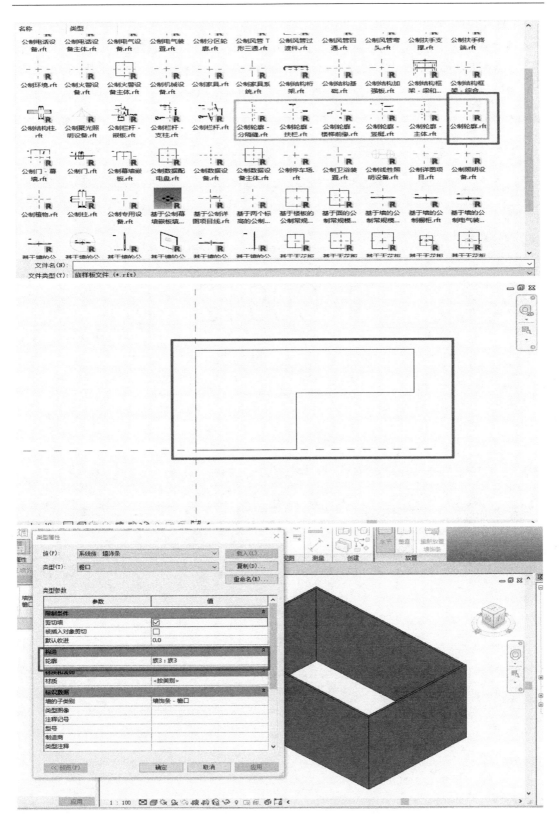

图 18.2-5

（2）注释族

注释族是在绘制图形中常见的，也是常用的。所以对它相对比较熟悉。如何对标记进行更改，就需要注释族。操作过程如图 18.2-6、图 18.2-7 所示：绘制一面墙在墙上按一个窗，双击窗标注进入"编辑族"，进行"编辑标签"，就可以点选要标记的"类别参数"。

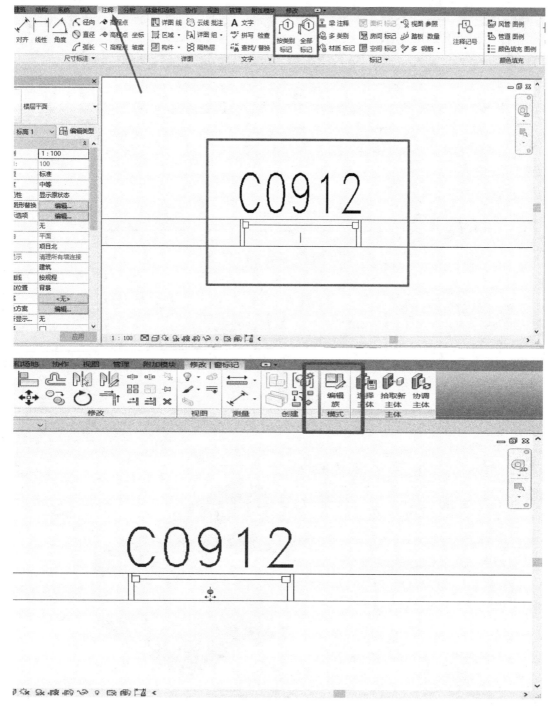

图 18.2-6

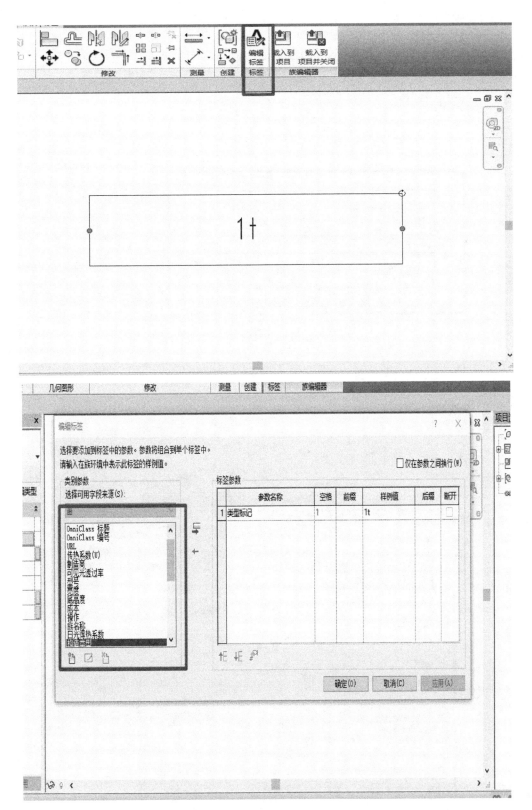

图 18.2-7

　　还可以新建一个族、新建一个注释族，过程如下：由之前的方法创建一个公制常规模性，添加参数，添加时要用共享参数，共享参数属于外部文件，所以要新建一个文件，假设文件命名为材质 1，在新建一个组命名为材质，再建一个组为材质组，在材质组下再建一个参数叫材质 A、材质 B、材质 C，标注组下新建参数为长度、宽度（图 18.2-8～图 18.2-12）。

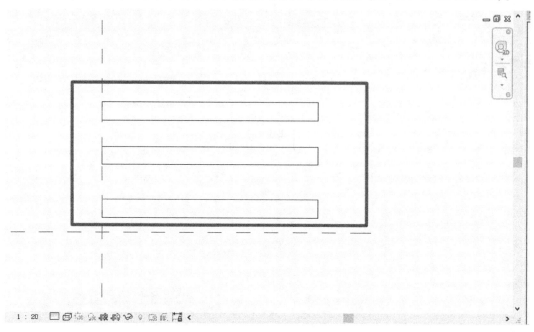

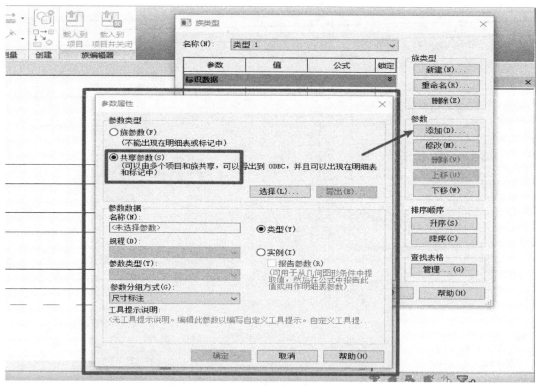

图 18.2-8

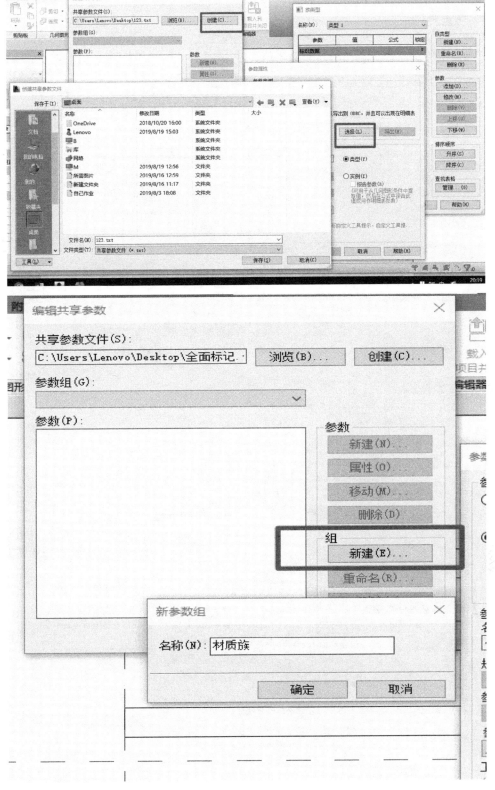

图 18.2-9

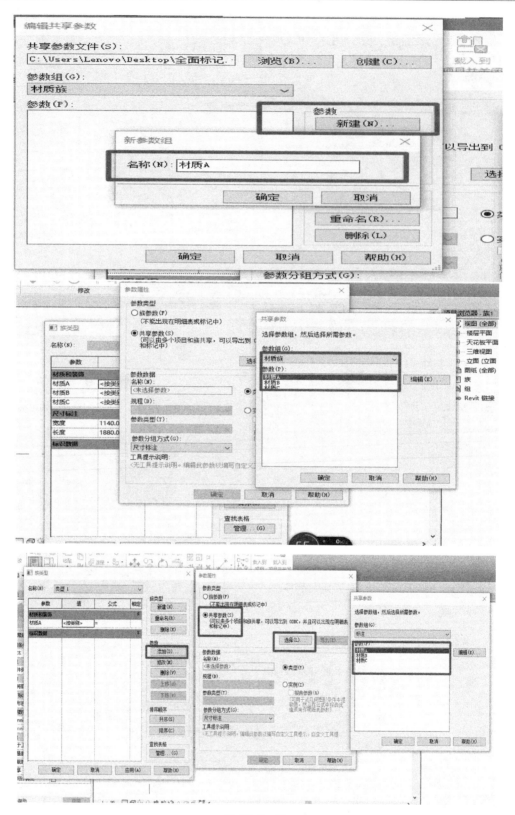

图 18.2-10

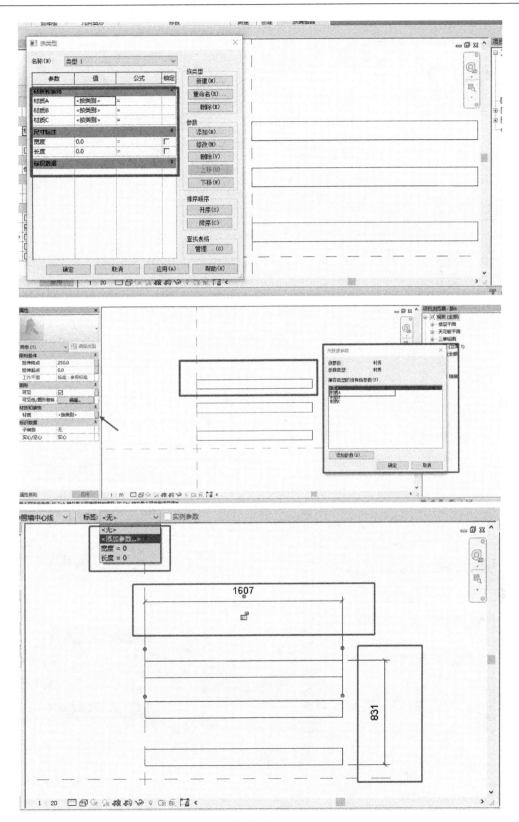

图 18.2-11

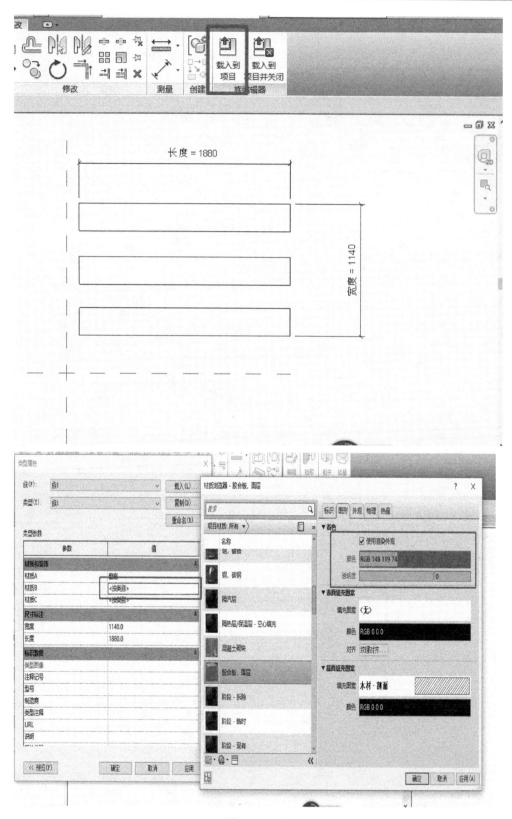

图 18.2-12

在族载入进的新项目中可以新建"标记"，来提取新建的参数。注意公制常规标记不能标记窗口，标记窗口要用公制窗标记。如图 18.2-13~图 18.2-16 所示：新建"公制常规标记"，把原有的文字删掉，添加文字以"全部标签"为例，再来添加"标签"，再添加标签里没有我们需要的则我们需要"新建标签"，只能选择"共享参数"，选择上面已经建好的标签，最后载入项目中，在"注释"选项卡下，有"按类型标记"即可。

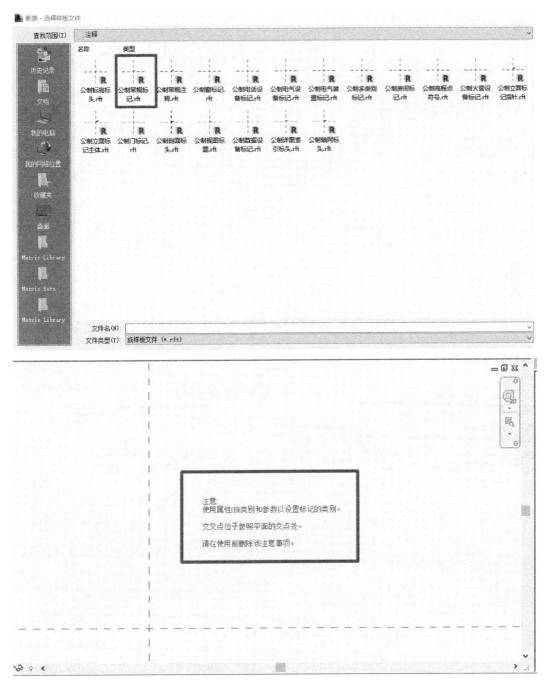

图 18.2-13

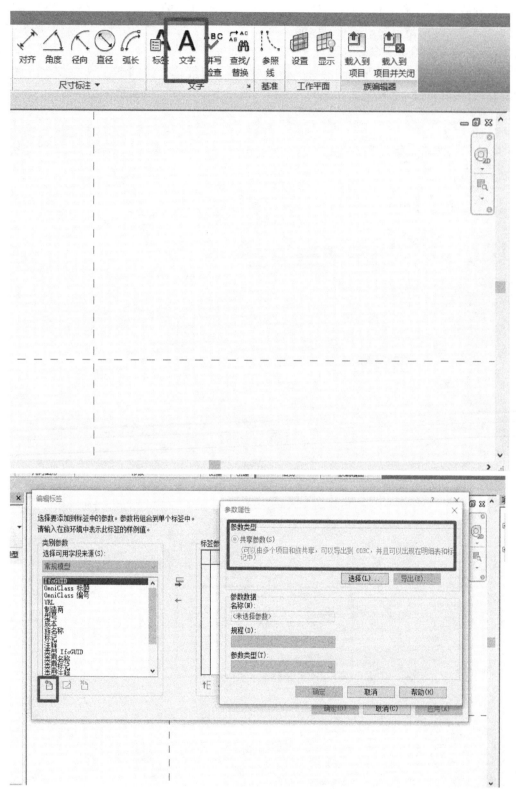

图 18.2-14

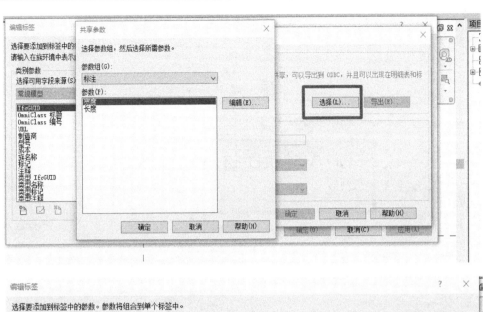

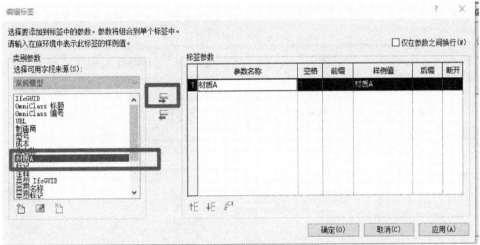

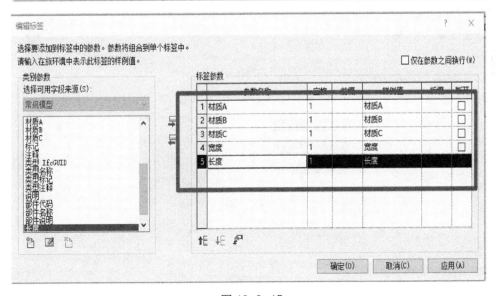

图 18.2-15

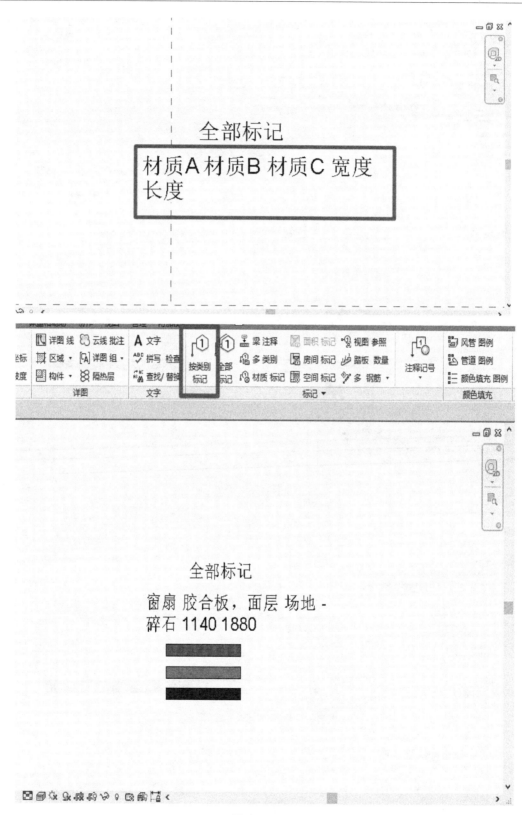

图 18. 2-16

18.2.3 基于参照模型的族

（1）基于面的公制常规模型

基于面的公制常规模型特点就是在创建时就会有一个平面，只要有平面就可以放置的族。新建一个公制常规模型为例。新建"基于面的公制常规模型"，用"拉伸"命令绘制出一个模型，并进行"添加参数"载入到项目，且有三个不同放置面。族不可以旋转，但是可以在模型上旋转。如图 18.2-17、图 18.2-18 所示。

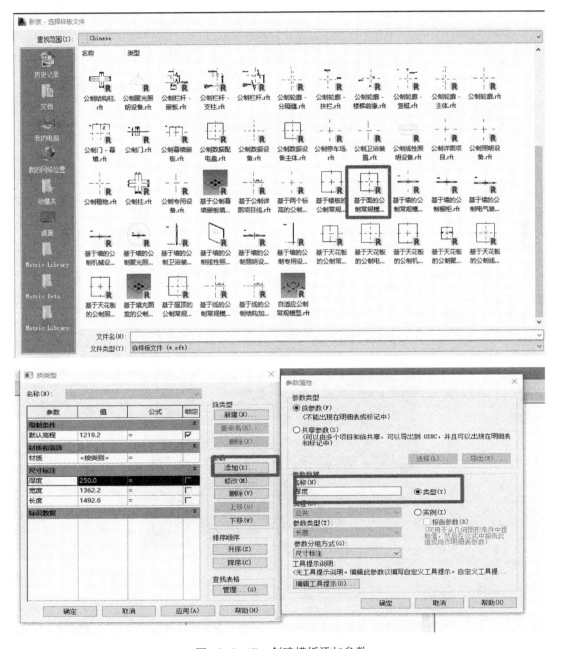

图 18.2-17 创建模板添加参数

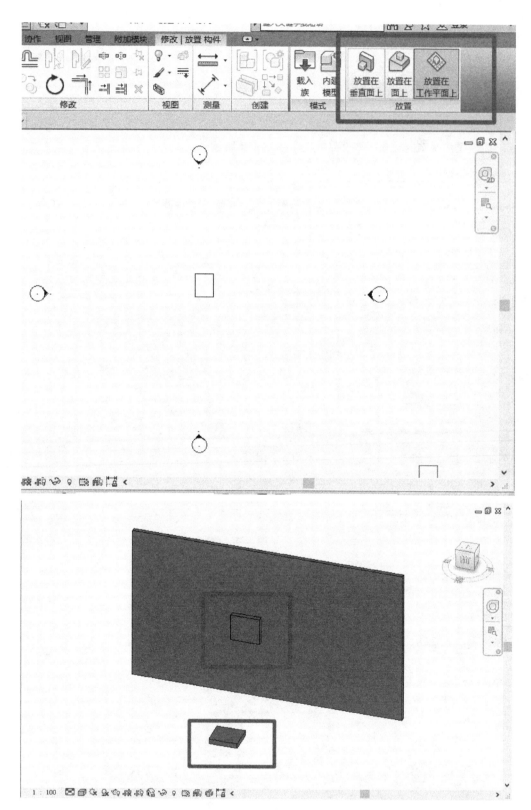

图 18.2-18　载入到项目

（2）门窗族

门窗族是在工作以及平常的使用中经常遇到的，并且在只做门窗族时对于复杂的门窗族都是用嵌套族来做。怎么做一个自己想要门和窗呢？以做百叶窗（百叶窗是一个嵌套族）为例，新建一个"公制窗"的族，画一个窗框并锁上，给窗框设定一个参数为"窗框厚度"，再立面图上对窗框进行定位，再建立一个"公制常规模型"，来建立窗扇，百叶窗扇是有角度的并且可以跟着角度进行变化，所以建一个"参照线"并设置一个参数窗扇角度，在这个参照线上绘制出窗扇的模型，并设置相应的参数，完成后把窗扇族导入到窗框里面，进行调整并进行"参数的关联"即可。如图 18.2-19 ~ 图 18.2-26所示。

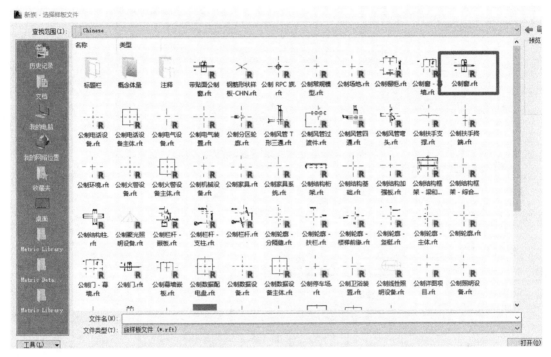

图 18.2-19　选择模板创建

（3）基于两个标高族

基于两个标高的族就是受到两个标高的约束（顶标高和底标高），并且由标高的约束来控制物体的高度，注意公制柱模型有柱的属性，只能当柱子来使用。如果想建造一个平常使用的柱子形状的模型时，需要用基于两个标高的公制常规模型，跟普通的不一样的地方是在立面上有两个低于参照标高和高于参照标高，可以建一个"钢管族"来看一下。新建一个"基于两个标高的公制常规模型"，绘制一个"嵌套圆"，在草图模式下添加参数，添加一个"内径"和"外径"，"钢管壁厚"以及"材质"，在立面上把模型"锁定"在顶部参照标高和底部参照标高上并载入到项目中即可。如图 18.2-27、图18.2-28 所示。

（4）基于线的族

基于线的族是用线性的方式来生成构件。比如墙、梁等，画一条线就可以代表他们的

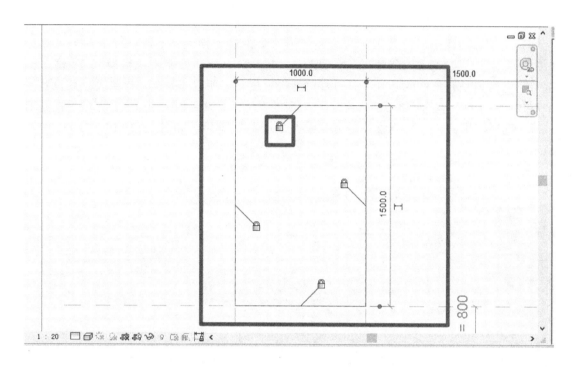

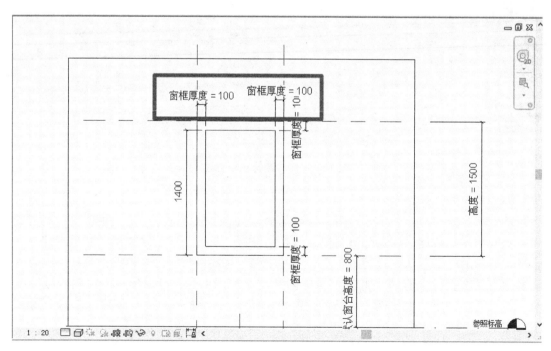

图 18.2-20　拉伸创建并添加参数

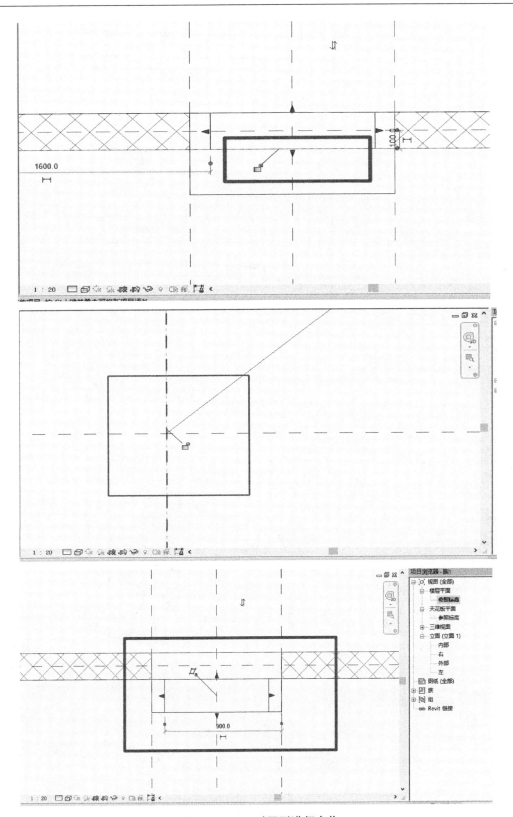

图 18.2-21　对图形进行定位

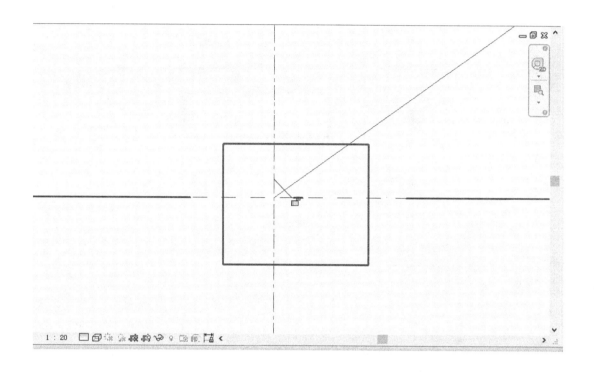

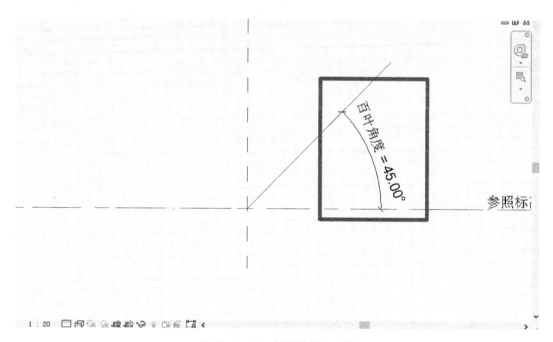

图 18.2-22　创建并添加参数

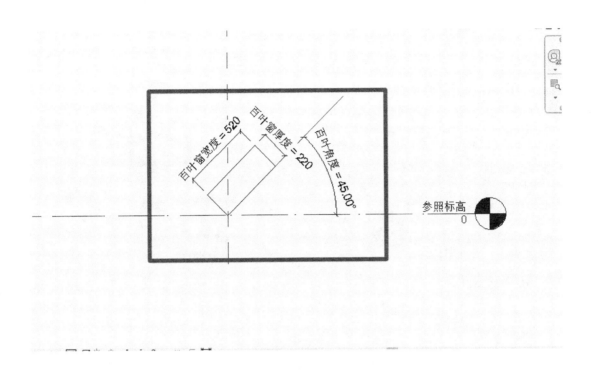

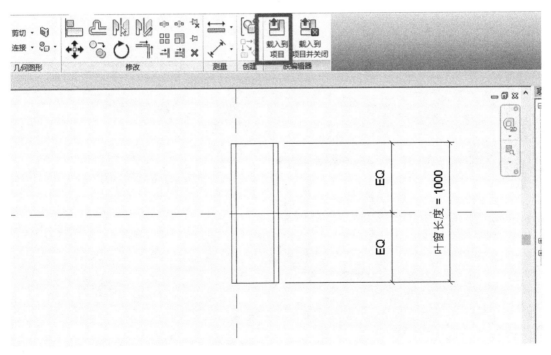

图 18.2-23　载入项目

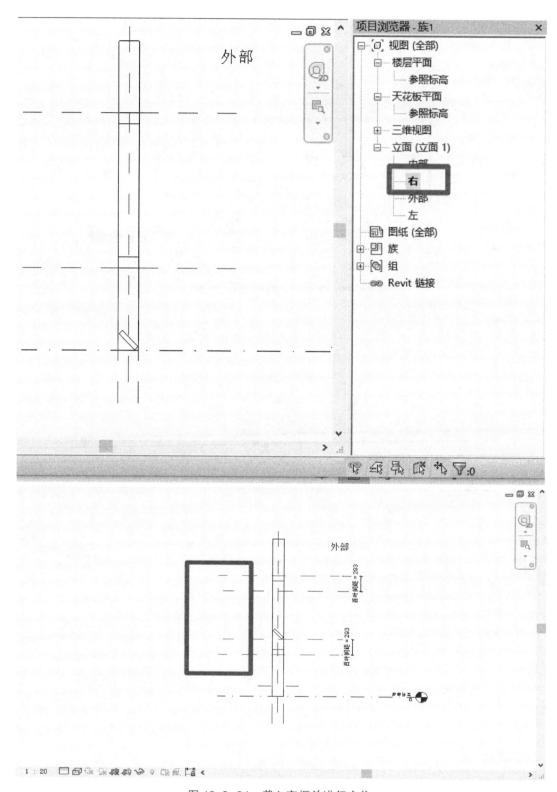

图 18.2-24　载入窗框并进行定位

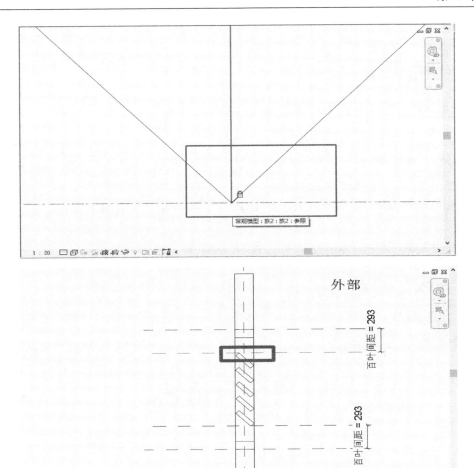

图 18.2-25 定位百叶

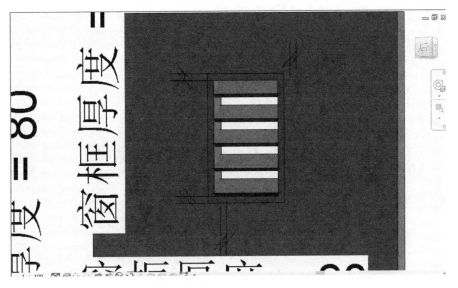

图 18.2-26 创建成功图

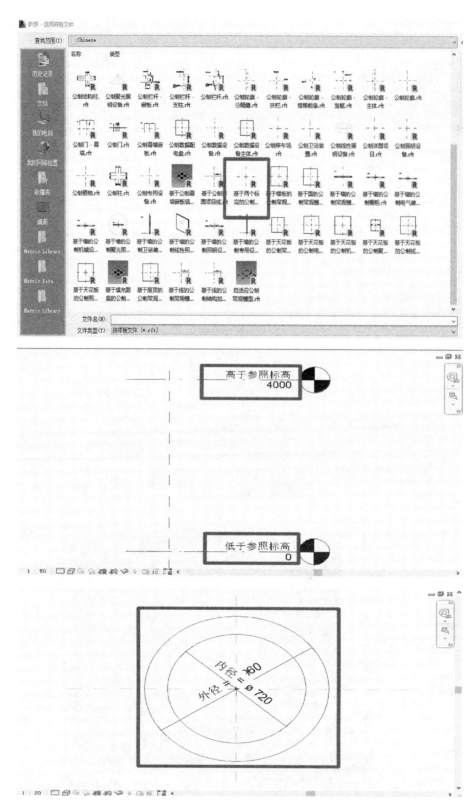

图 18.2-27　创建模型拉伸绘制构件

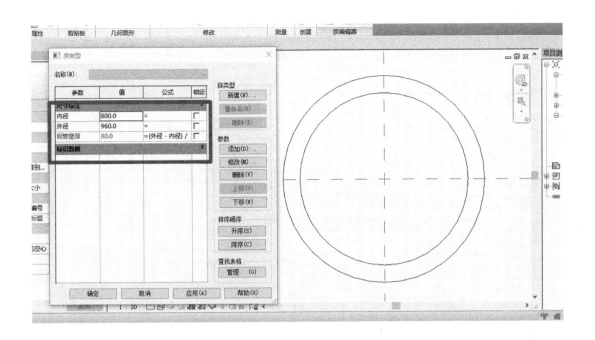

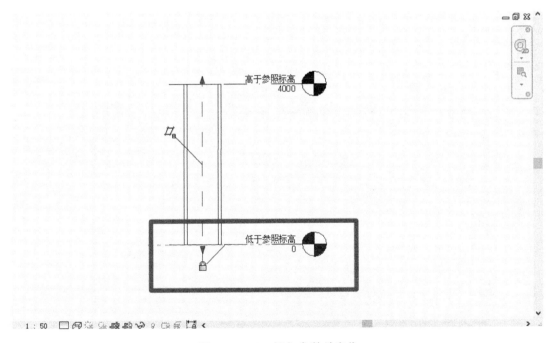

图 18.2-28 添加参数并定位

生成。以"道路"为例，建一个基于线的族。先建一个"基于线的公制常规模型"，在水平面上有一个"控制线"，在右立面进行拉伸，建立路面的宽度，绘制出路面与人行横道"添加参数"，最后把道路的所有边都锁定在前立面的控制线上即可。如图 18.2-29～图 18.2-31 所示。

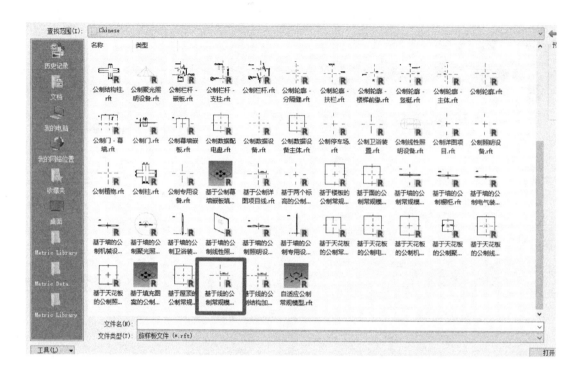

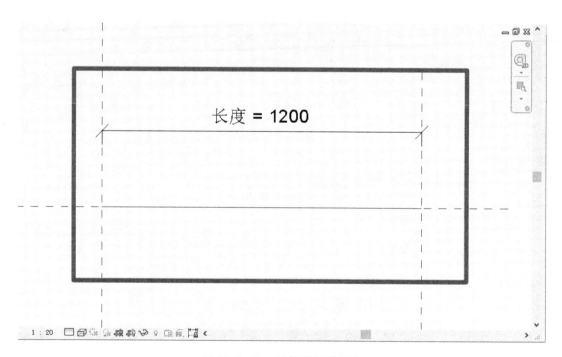

图 18.2-29　选择模板并创建

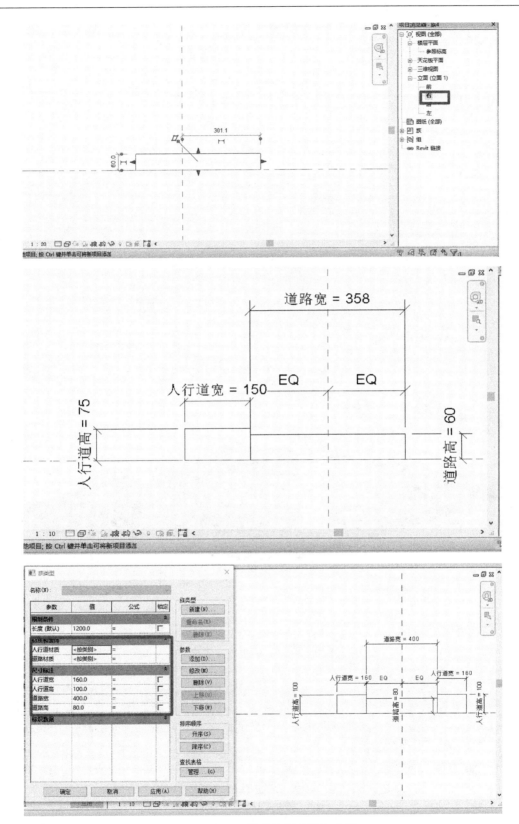

图 18.2-30　拉伸绘制并添加参数

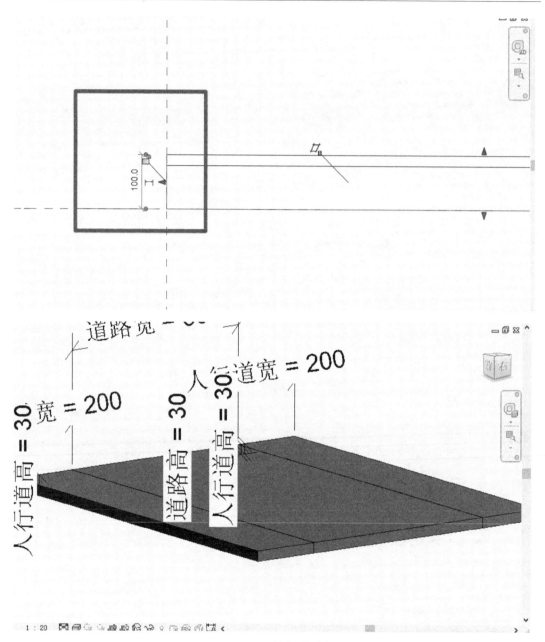

图 18.2-31　编辑族并完成

（5）基于填充图案族

基于填充图案族主要用在大面积的创造模型。新建族基于填充图案的公制常规模型里面会有四个"自适应点"，同样可以新建一个自适应点，在自适应点里绘制一个圆，点击"圆形"的同时点击"外边框"，会出现一个新的"边框模型"，新建一个"概念体量"，建一个"正方体"，进行"分割表面"，显示出"节点"，将边框载入到项目中，按着自适应点的"顺序"进行点选，放在体量上。方法有两个，一、在"编辑类型"里找到填充图案直接填充到体量模型中；二、在"项目浏览器"中找到"族"，放进去之后会有进行"重复"命令，点击即可。制作过程如图 18.2-32～图 18.2-35 所示。

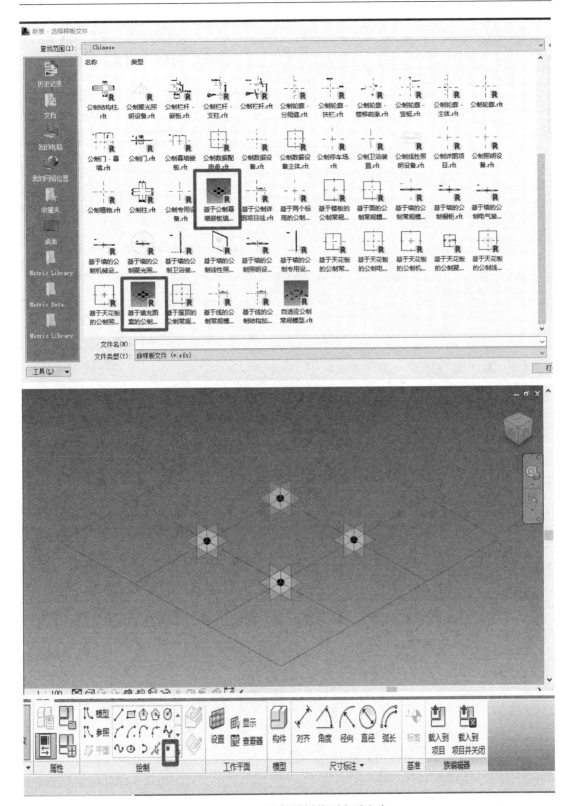

图 18.2-32　选择模板找到自适应点

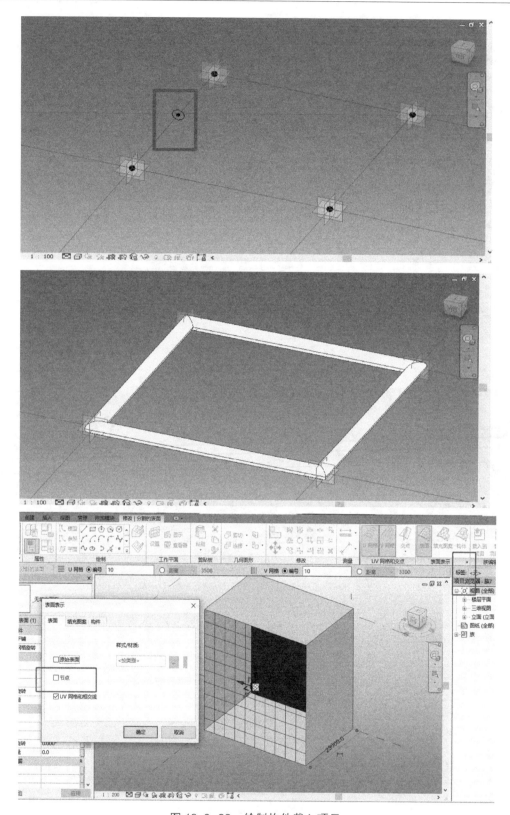

图 18.2-33　绘制构件载入项目

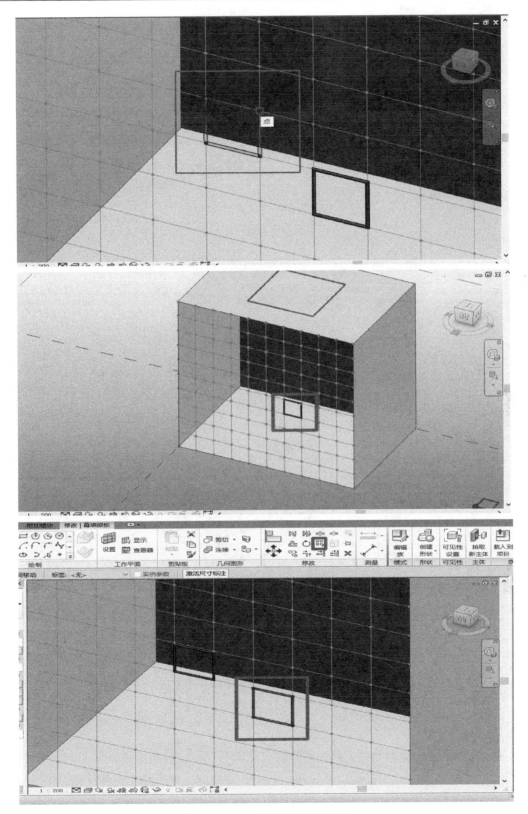

图 18.2-34　利用重复进行填充

下面的是第二种方法：

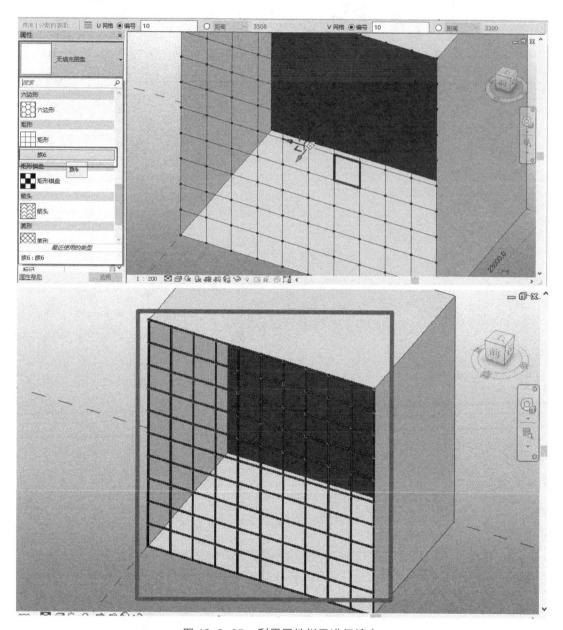

图 18.2-35　利用属性栏里进行填充

18.2.4　其他类型的族

（1）自适应族

自适应族可以自觉感受到主体，并且能自然地适应到主体中。可以举个例子来说明。新建一个"自适应族常规模型"，在空间中利用"参照线"建立四个自适应点，也可以修改自适应点设置参数，把两个参照面同时选上，建立一个实体把实体载入到项目，找到族之后放到实体上即可（图 18.2-36～图 18.2-39）。

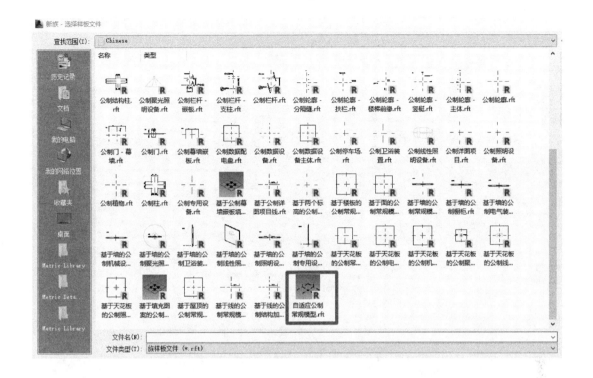

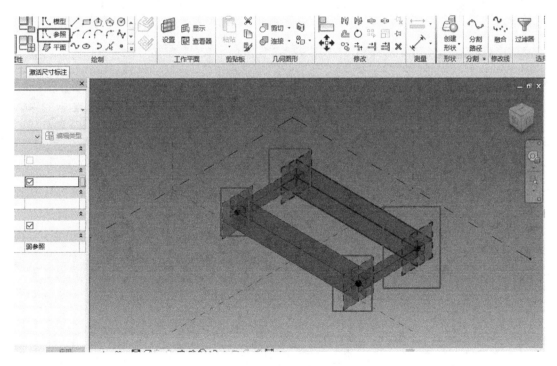

图 18.2-36 创建模型并且添加自适应点

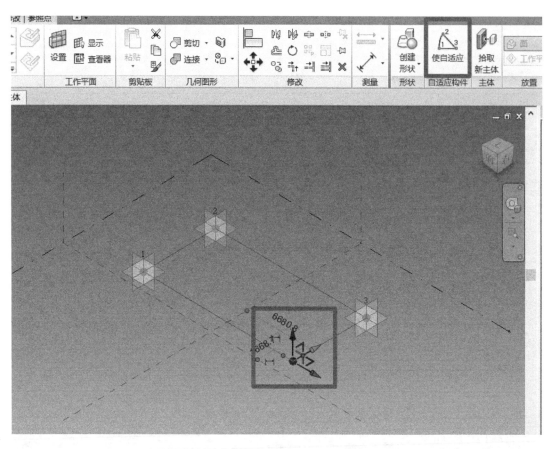

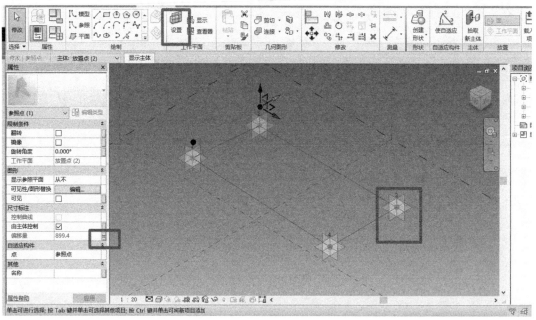

图 18.2-37　创建新的自适应点

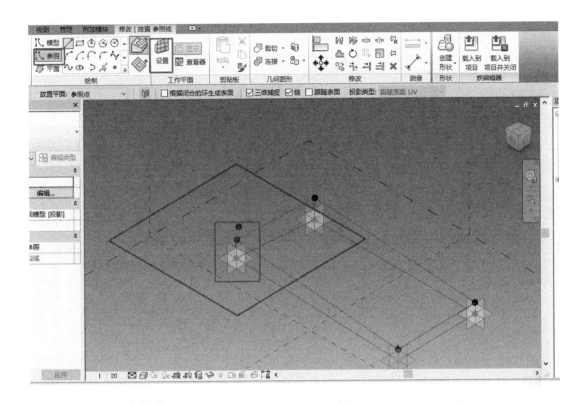

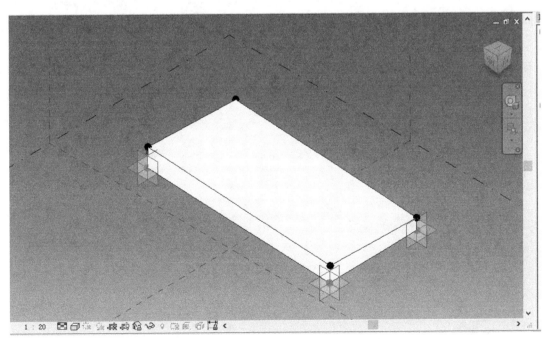

图 18.2-38　创建参照平面添加新的自适应点

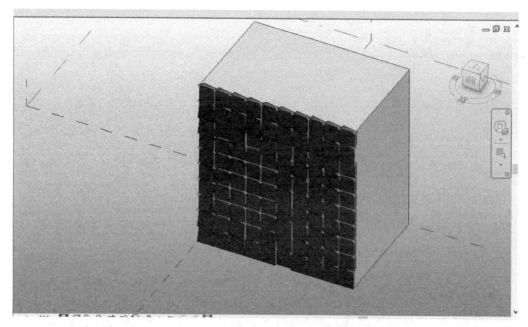

图 18.2-39　载入到新的项目

（2）RPC 族

RPC 族是有配景的作用，往往是载入到项目中使用。RPC 族只是改变物体的参数，编辑物体并且更改外观。可以新建一个族公制 RPC 公制常规模型，在模型中只有一个"占位符"，这个占位符可以赋予它各种东西。主要是在项目中进行更改参数。这种族不用自己制作，一般在载入中都会有，直接找到并改正即可（图 18.2-40~图 18.2-42）。

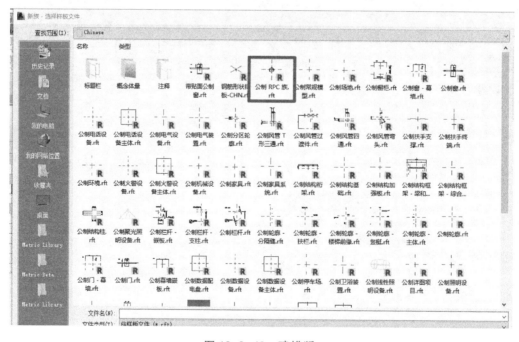

图 18.2-40　建模版

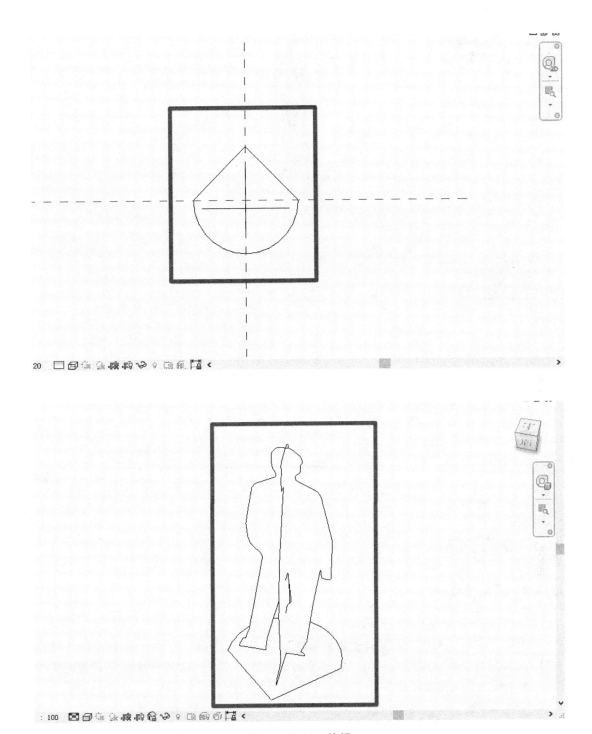

图 18.2-41　编辑

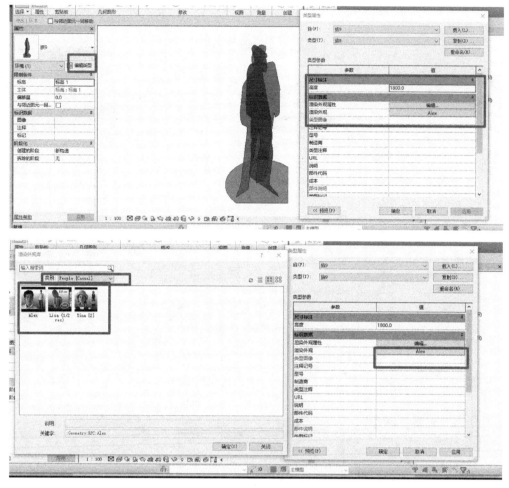

图 18.2-42　编辑模型

18.3　族的参数

18.3.1　基本参数

（1）创建参照平面与参照线的参数

在创建参数时，有两个重要命令"参照线"与"参照平面"需要掌握（图 18.3-1）。模型的参数应建立在"参照线"与"参照平面"参数的基础上，"参照平面"设置距离参数，"参照线"设置角度参数。

图 18.3-1

1）参照平面的参数创建

点击"参照平面"命令，平行于默认工作平面绘制新的参照平面（图18.3-2、图18.3-3）。

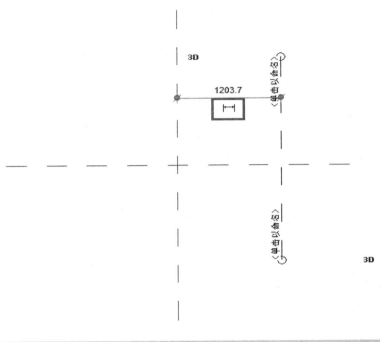

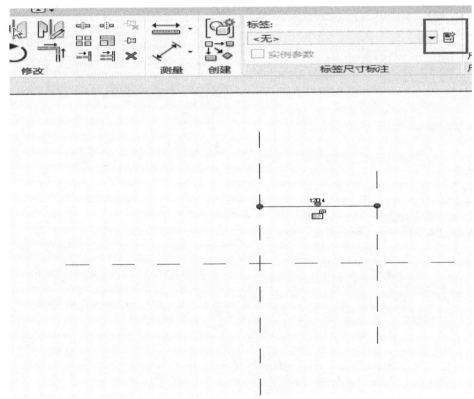

图18.3-2

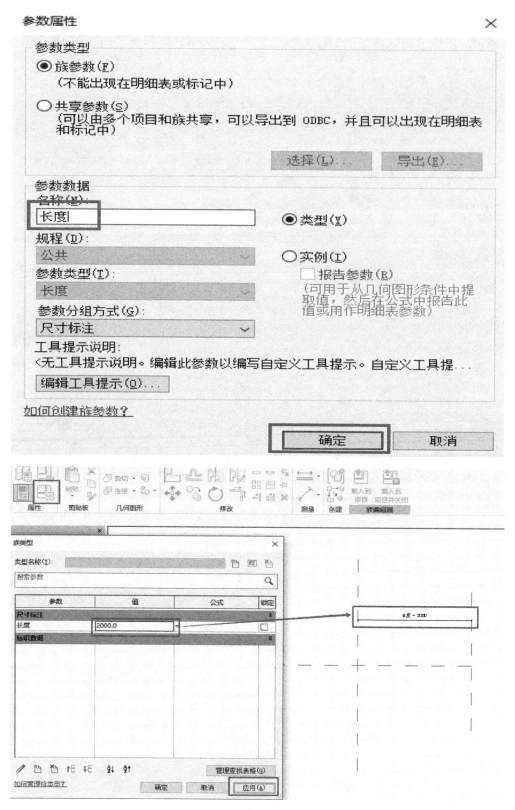

图 18.3-3

2）参照线的创建

参照线可以添加"角度参数"，如图18.3-4、图18.3-5所示。

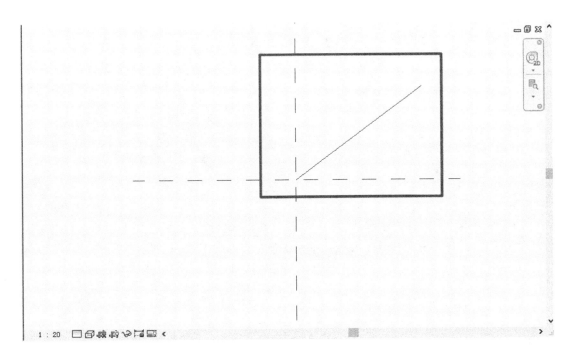

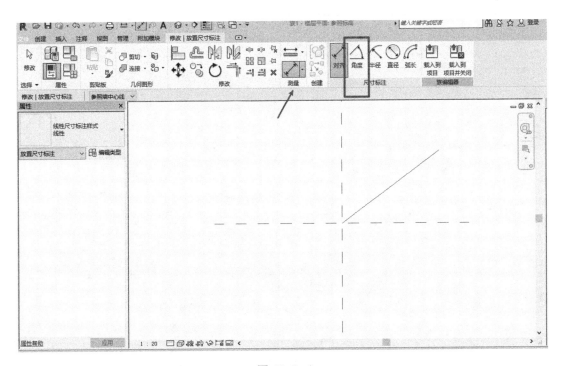

图 18.3-4

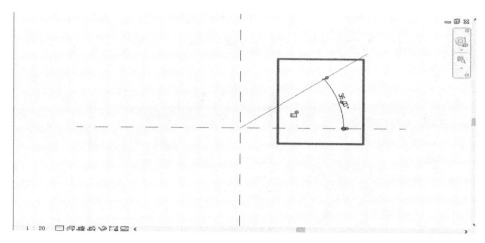

图 18.3-5

锁定中心点，有两种方法手动法，用手直接拉动参照线，找到参照平面的中心点对齐法，直接用"对齐"命令找到中心点。手动法锁定，如图 18.3-6 所示。

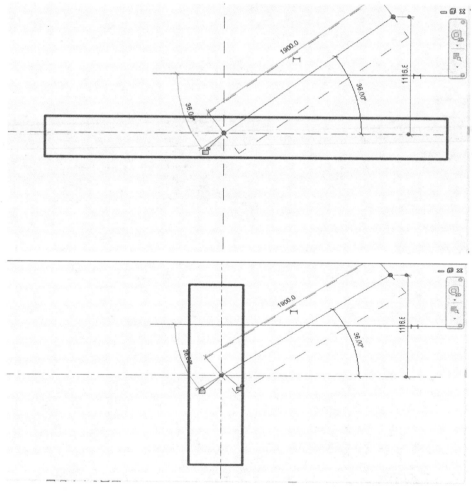

图 18.3-6

"对齐法"找到中心点锁定，如图 18.3-7 所示，线的中心点与横轴纵轴对齐。按"Tab"键进行点选即可。

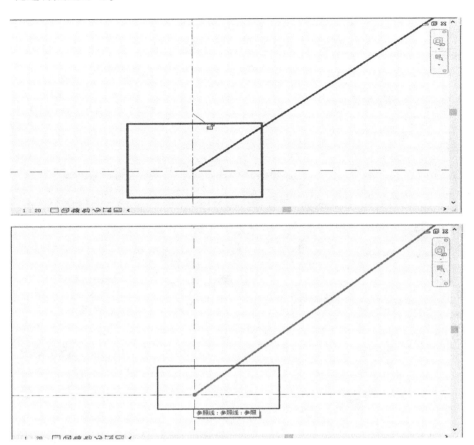

图 18.3-7

点击"角度"再点击"创建参数"（图 18.3-8）。

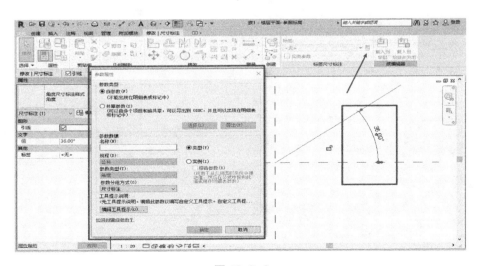

图 18.3-8

点击"族类型"可以修改"角度"（图18.3-9）。

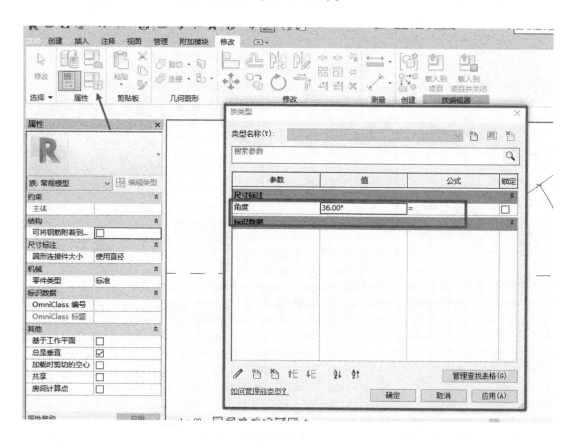

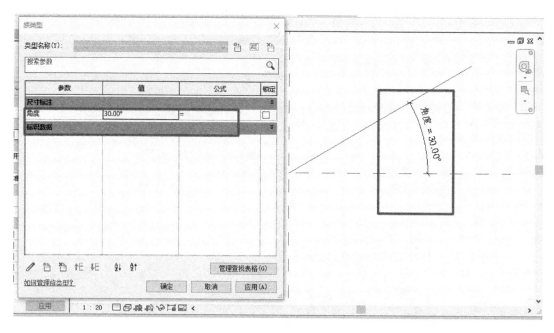

图 18.3-9

（2）模型与草图约束

1）草图约束

制图过程中会把模型进行约束，以方便后面的操作。如图 18.3-10 所示：以"拉伸"为例，图中会有两把"小锁"，把"小锁"锁上，便可进行"约束"。

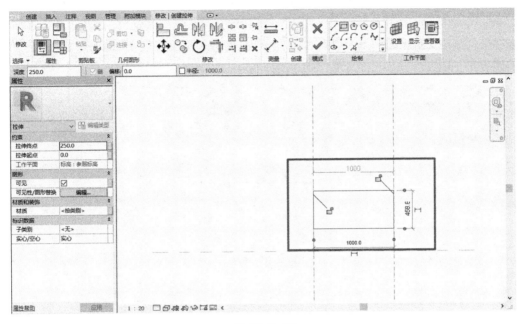

图 18.3-10

2）模型约束

当模型完成后也可以对其进行"约束"。如图 18.3-11 所示：当模型建好以后，点击"模型"会出现四个"箭头"，"拉动箭头"使其与"参照平面"对其即可出现"小锁"，点击小锁即可约束。

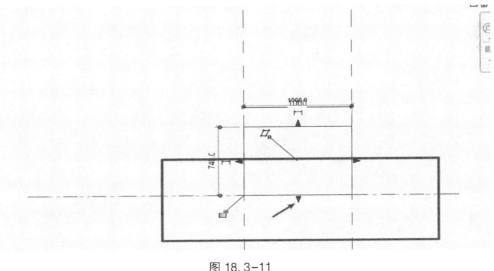

图 18.3-11

18.3.2 特殊参数

（1）阵列参数

"阵列参数"在创建族中经常会用到，我们一般要对物体进行数量的设置。尤其是一些建筑中的数量较多的模型或者一些模型组等。注意阵列必须是两个及以上的模型。

阵列参数的创建如图 18.3-12～图 18.3-14 所示：先点击"模型"，再点击"阵列"，"拖动模型"后把数值改成 5（以 5 为例），再次点击"上边框"，会出现"标签"，点击"添加参数"即可。

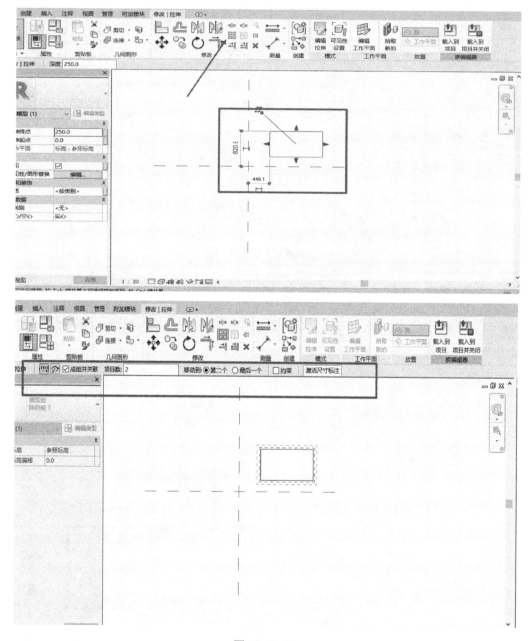

图 18.3-12

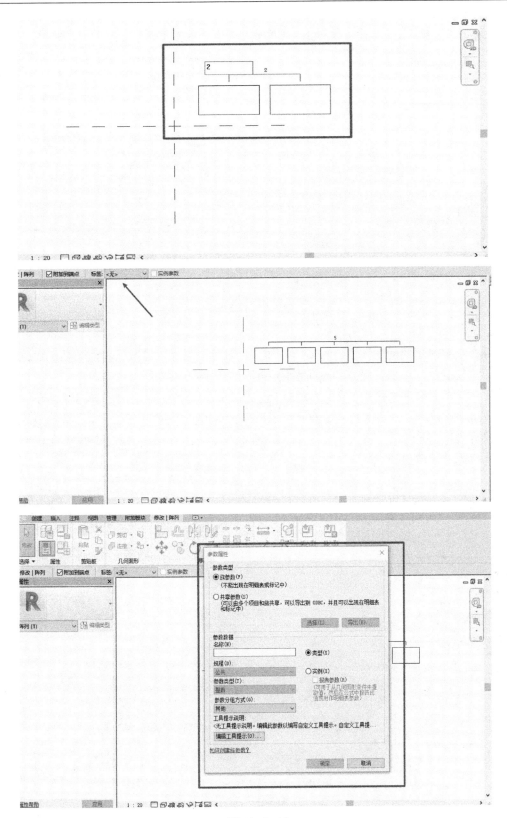

图 18.3-13

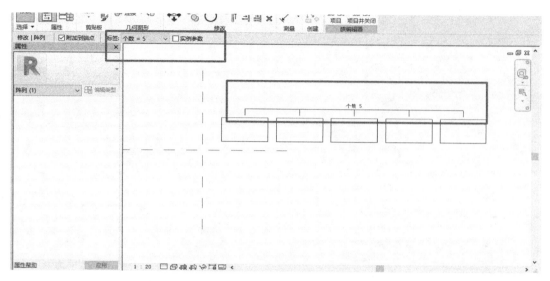

图 18.3-14

（2）材质参数

在族里要对不同的物体进行材质的添加，这就要添加材质参数。材质参数的添加分两种：不可变的材质参数，可变的材质参数。经常使用的是可变的材质参数。

不可变的材质参数添加，如图 18.3-15、图 18.3-16 所示：点击"模型"，在"属性栏"里找到"材质"，点击材质，点击"土层"，点击"外观"，点击"图形"中的"使用渲染外观"。新建一个项目把这个族载入项目中，在"编辑类型"中找不到相应的材质，所以无法更改材质。

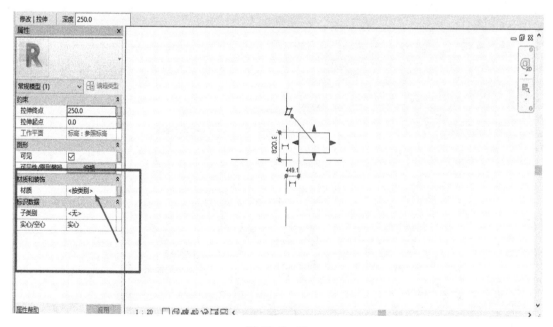

图 18.3-15

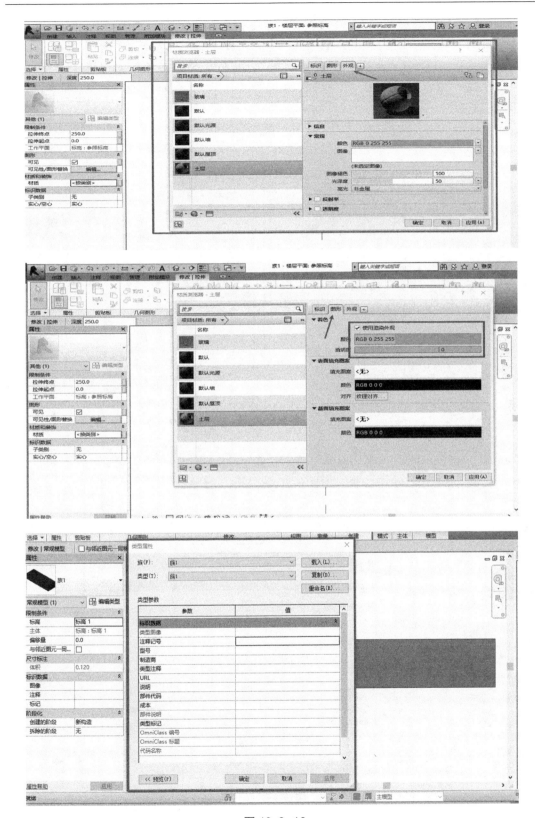

图 18.3-16

可变材质参数添加如图 18.3-17、图 18.3-18 所示：点击"模型"，再点击"属性栏"里的"材质"中的"关联族参数"（关联族参数：原本模型中没有参数，添加一个参数关联到族中），点击"新建族参数"，在族类型里就会有材质参数。新建一个项目，载入族，点击模型后，在"编辑类型"里就会有"材质"，就可以进行改正。

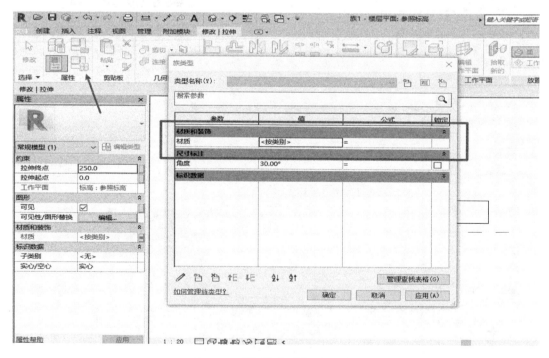

图 18.3-17

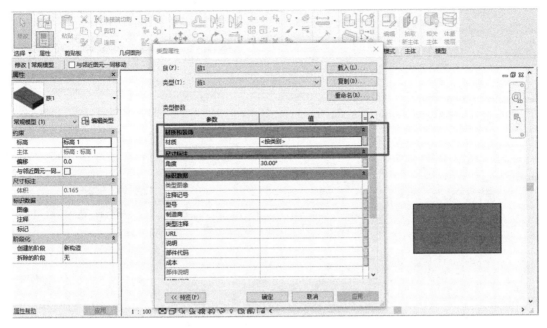

图 18.3-18

（3）可见性参数

可见性参数，是为了让族载入到项目中可见与不可见。

可见性参数的添加如图 18.3-19、图 18.3-20 所示：点击"模型"，在"属性"栏里点击"关联参数"，"新建参数"可见性，载入到项目中，点击"编辑类型"最下面就会有"可见性"。

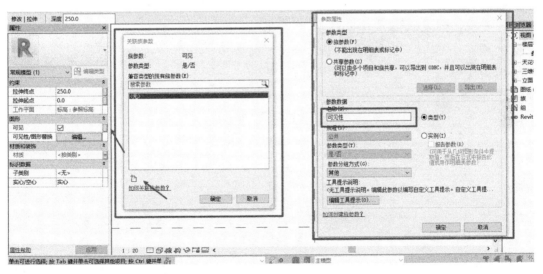

图 18.3-19

（4）不常用参数

在族中会有一些不经常用到的参数类型，如可见性/图形替换，子类别。下面介绍一下可见性/图形和子类别。

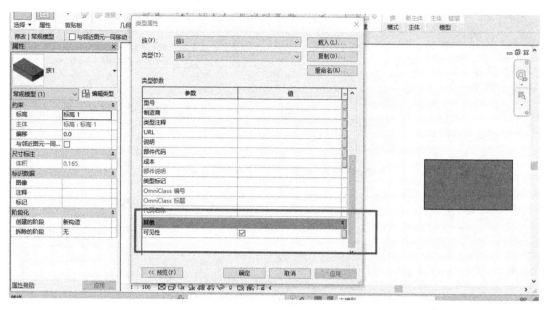

图 18.3-20

可见性/图形替换参数的创建，如图 18.3-21、图 18.3-22 所示：点击"编辑"，在把"粗略"去掉，载入到项目中，点击"详细程度"点击"中等"可见模型，点击"粗略"则不可见模型。

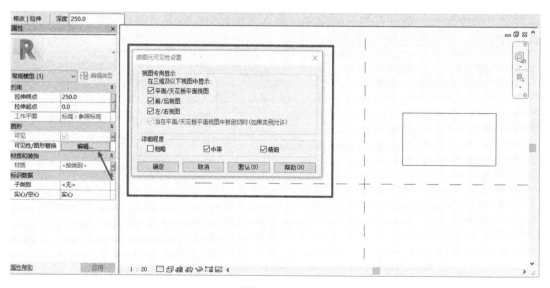

图 18.3-21

子类别参数创建，如图 18.3-23、图 18.3-24 所示：点击模型，在属性栏里有子类别，有两种："无"和"隐藏线"。新建一个"子类别"，在"管理选项卡"，"对象样式"中新建一个"11"，再去点"子类别"会出现"11"，点击"11"，把族载入到项目中后，就会变成 11 的颜色的模型。

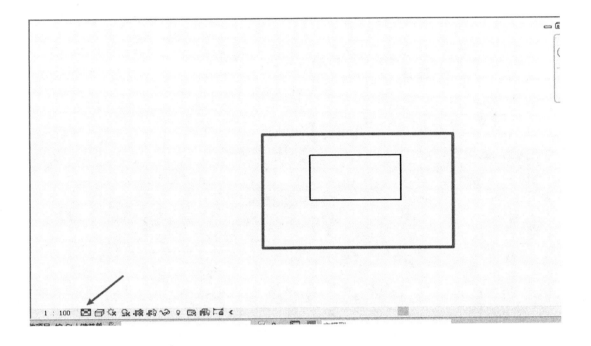

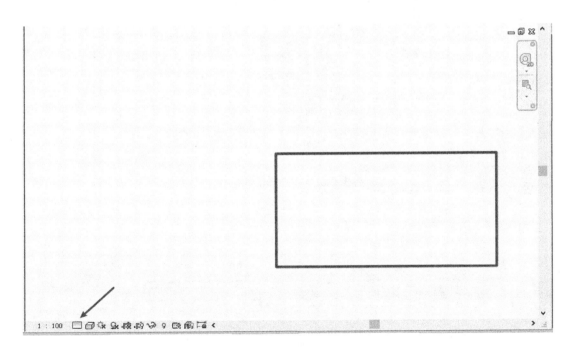

图 18.3-22

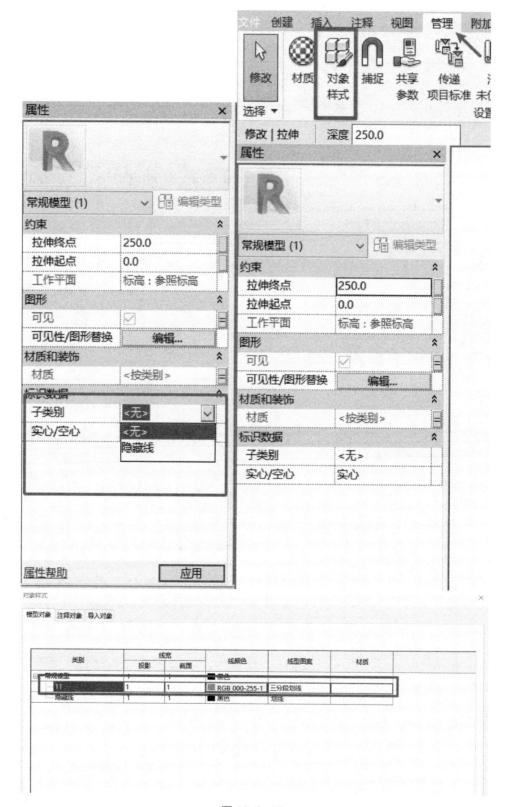

图 18.3-23

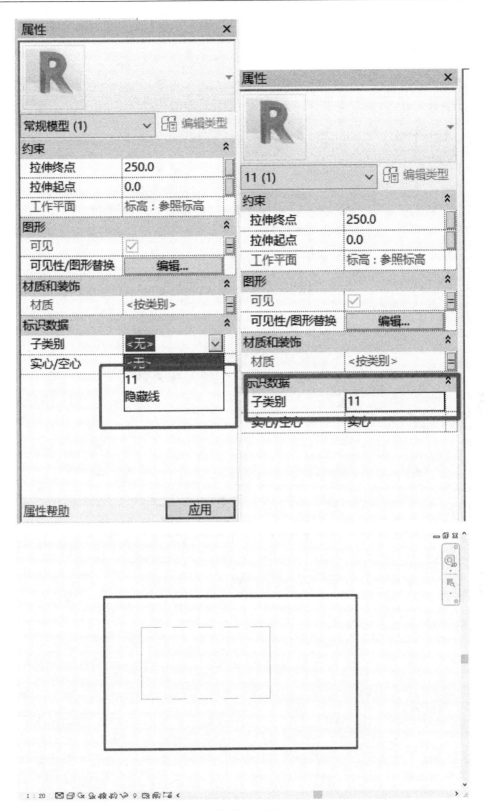

图 18.3-24

18.4 族的参数公式

族的参数公式是利用简单的参数来进行的复杂的参数化，其中分为计算参数和条件参数，条件参数中可以利用字母，文字来进行参数化。参数公式可以大大简单参数化。

18.4.1 计算公式

先介绍计算公式，计算公式就是一般的常用的"加减乘除"的运算，用得最多的就是面积和体积，过程如图 18.4-1 所示：根据之前的方法设定好长、宽、高的参数，添加"面积"／"体积"参数，添加时选择"参数类型""面积"／"体积"，在"公式栏"输入相应的公式即可。面积跟体积的单位是平方米和立方米。可以进行修改如图 18.4-2 所示：在"管理选项卡"中"项目单位"里。

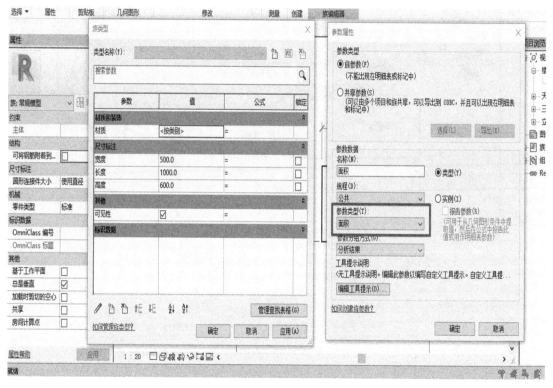

图 18.4-1

18.4.2 条件公式

条件公式是利用条件语句来确定的参数。一般常用的就是"if and or"，如果怎么样就怎么样，否则就会怎么样。注意在条件参数中格式都是英文格式，并且一个计算的数值不可以以自身为参照点。以"个数"为例如图 18.4-3 所示：以自己为参照点是不可以的，需要建另外一个或者两个参数来表示。条件语句的意思是：如果 A-B<2，则等于 2，否则等于 A-B。还可以进行文字驱动，如图 18.4-4 所示。

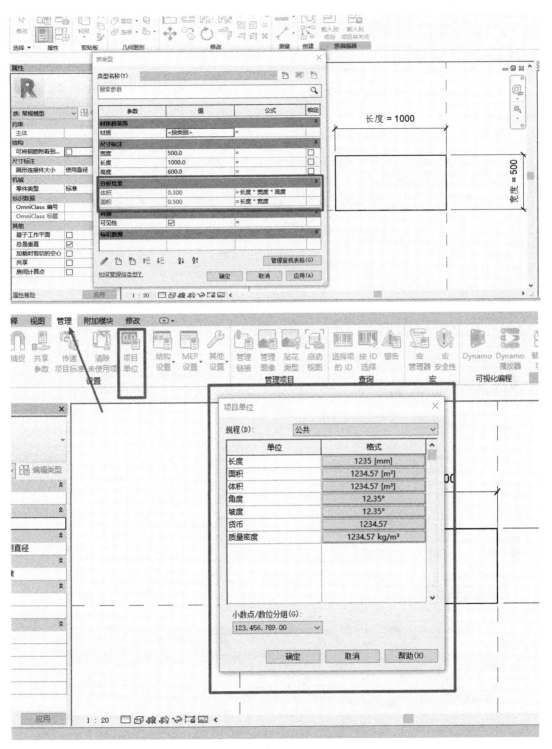

图 18.4-2

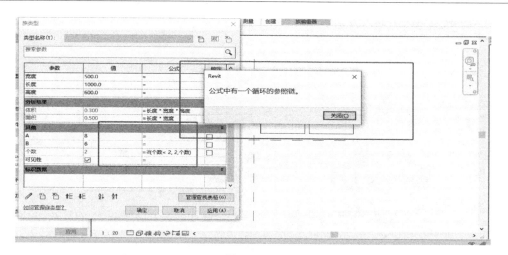

图 18.4-3

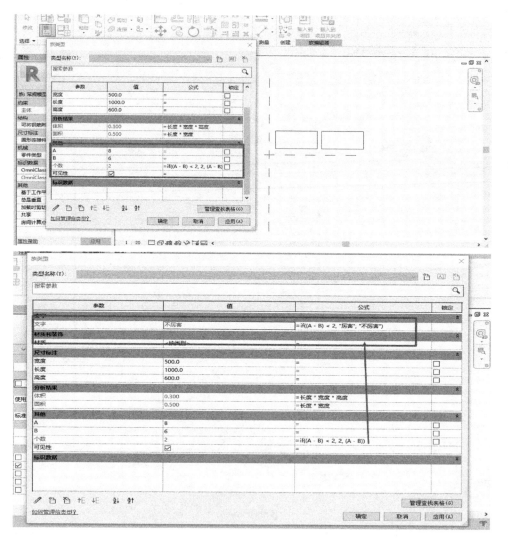

图 18.4-4

第 19 章 软件的六大参数

软件中有很多经常使用的参数，不管是在创建项目中还是在族中，想要好好地使用参数时首先要了解它们，熟悉它们，如何操作，操作中应该注意哪些事项？

19.1 项目参数

项目参数出现在项目里，并且项目参数可以在项目中直接添加族参数。添加项目参数时可以直接进行勾选自己需要的构件参数。可以画一面墙，里面放上门和窗，点击"管理选项卡"下的"项目参数"，点击添加"编号"，选择"实例"属性，在"类别"里面选择"门""窗"，则在"属性"栏里会出现添加的参数"编号"，同理如果我么选择"类型"属性新建一个参数为"成本"，则会在"编辑类型"里出现。具体的操作如图 19.1-1~图19.1-3 所示。

图 19.1-1

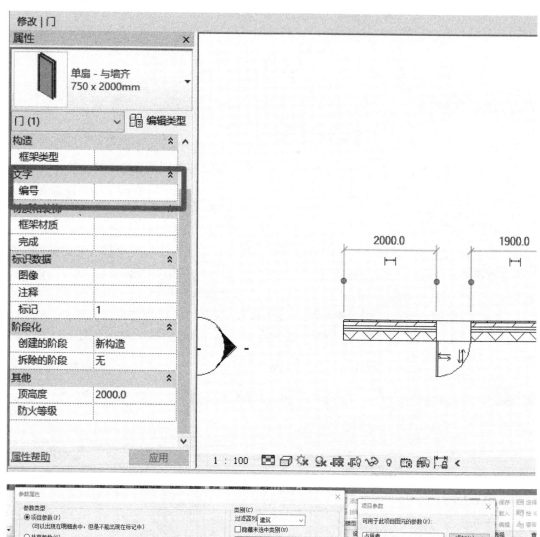

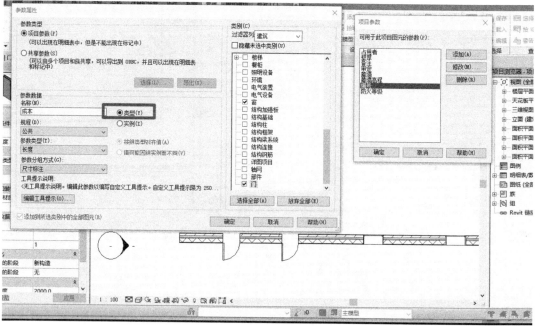

图 19.1-2

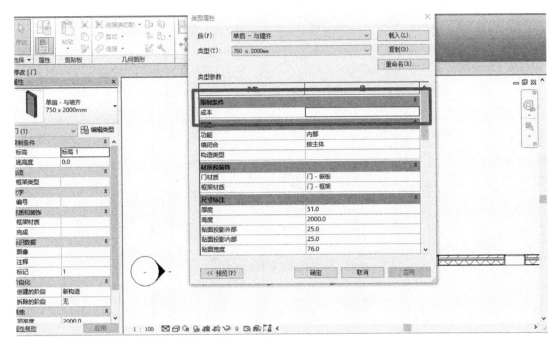

图 19.1-3

19.2　全局参数

　　全局参数是项目中的参数，全局参数可以操控被赋予参数的任何构件。在 16 版以上才会出现全局参数的添加，先画三面墙并进行"标注"，点击标注就会直接出现添加"全局参数"。如图 19.2-1、图 19.2-2 所示。

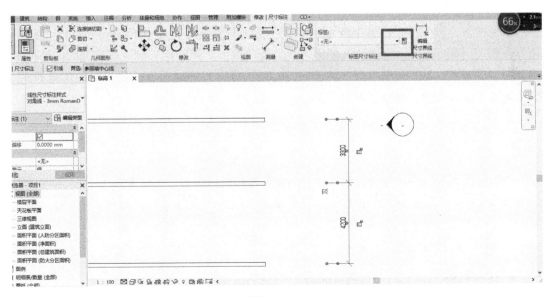

图 19.2-1

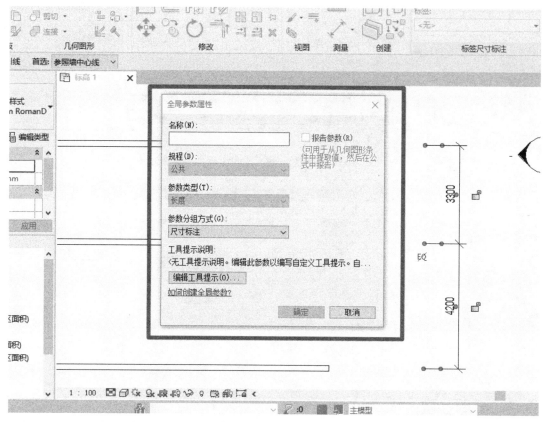

图 19.2-2

19.3　实例参数与类型参数

　　实例参数与类型参数都属于族中的参数，前者只能改变某个构件并且不能随意地变化，在载入到项目以后，会在参数名称后面出现"默认"两个字，对于同类型的构件也不能改变。后者可以改变一类构件，对于同类型的构件可以同时改变。并且在运用公式时，实例参数不可以使用。操作过程如图 19.3-1、图 19.3-2 所示。

19.4　共享参数

　　共享参数不是软件自带的参数，并且共享参数是类型参数，是根据项目的实际需要创建的参数文件夹，其中包含组和参数。共享参数是一个"文件夹"里面可以建多个"组"和多个"参数"。如图 19.4-1、图 19.4-2 所示。

19.5　族参数

　　族参数不可以在明细表中显示，而且族参数只能控制它所控制的哪一个族，如果建新的族需要重新建一个族参数。在原来的那个图里添加一个"族参数"厚度，载入项目中，再建一个族，没有添加任何参数，载入项目中就没有厚度。如图 19.5－1、图 19.5－2 所示。

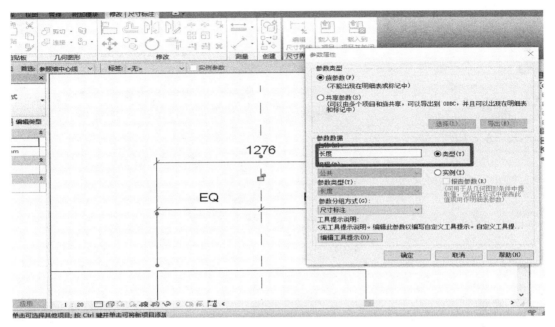

图 19.3－1

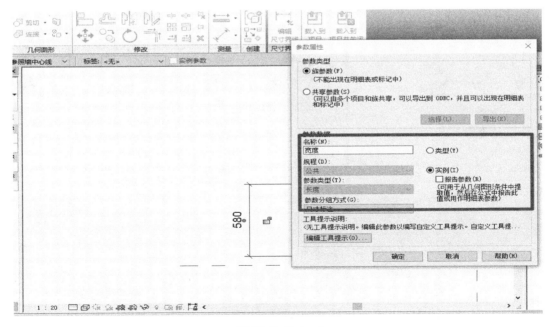

图 19.3－2（一）

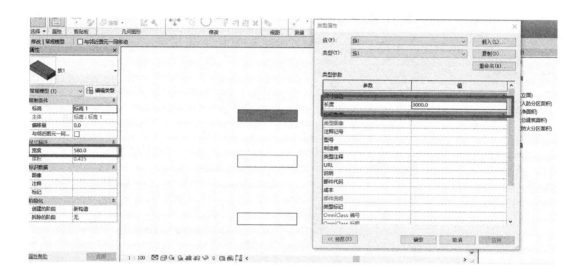

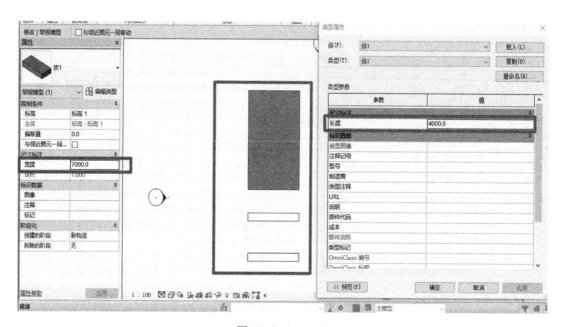

图 19.3-2（二）

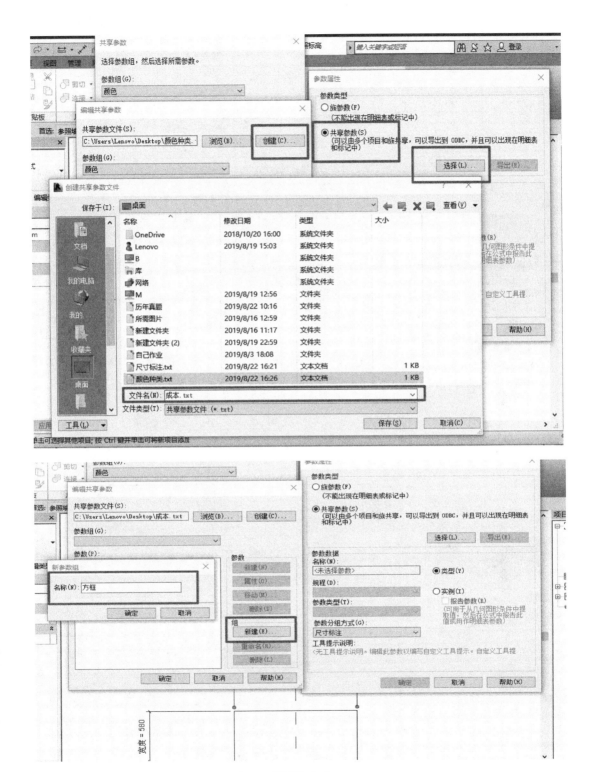

图 19.4-1

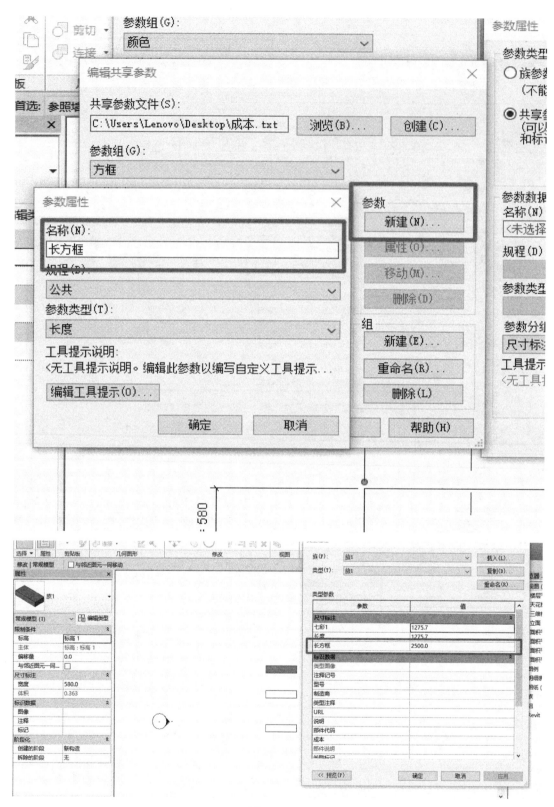

图 19.4-2

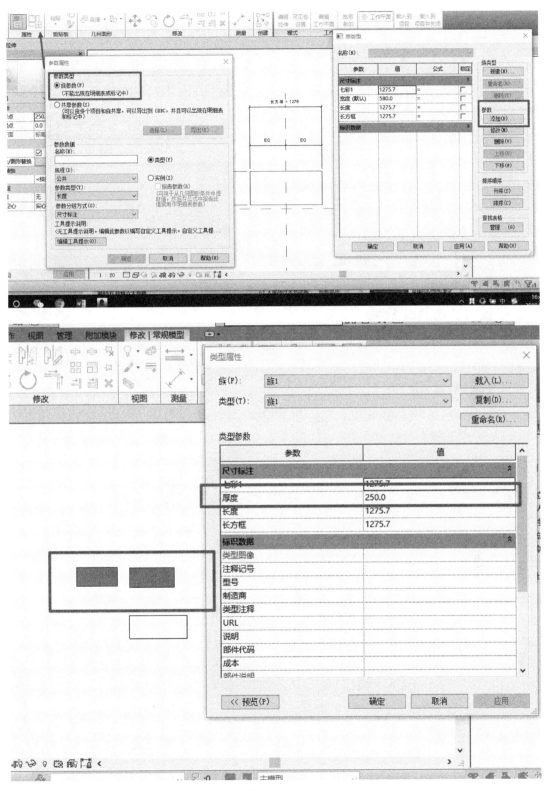

图 19.5-1

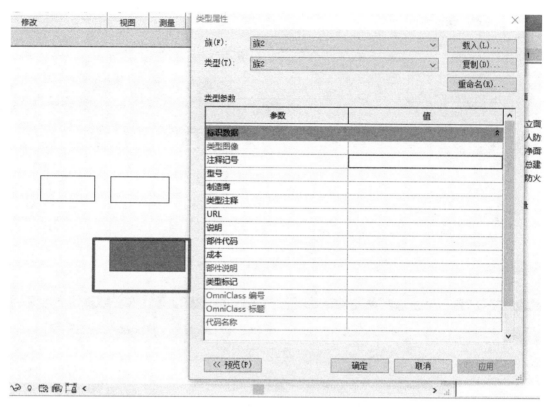

图 19.5-2

第 20 章　体　量

使用形状描绘建筑模型的概念，从而探索设计理念。概念设计完成后，可以直接将建筑图元添加到这些形状中。在模型的建立的过程中，形状形成原理与族一致，没有具体命令，需要自己指定工作平面。

本章学习目标：

（1）拉伸的创建与修改。

（2）融合的创建与修改。

（3）旋转的创建与修改。

（4）放样的创建与修改。

（5）放样融合的创建与修改。

20.1　拉伸

模型线直接在平面绘制轮廓，窗选选择全部轮廓，点击"创建形状"，可以选择创建实心形状或空心形状（图 20.1）。与族中不同，体量中只能单一轮廓创建拉伸，如内部空心，需先创建实体模型，再创建空心模型进行剪切。

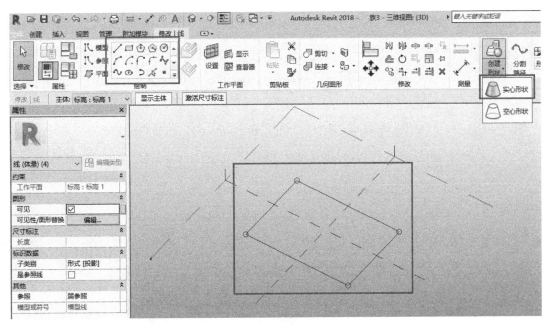

图 20.1

20.2　融合

模型线直接在平面绘制两个轮廓，选择顶部轮廓，点击三维视口右上角"ViewCube"上的任意立面（图 20.2-1），界面自动旋转到当前立面，选择移动命令，左上角取消勾选"约束"，勾选"分开"，移动顶部轮廓到相应高度（图 20.2-2）。旋转视图，选择两个轮廓，点击"创建形状"命令下的"实心形状"，完成融合的绘制（图 20.2-3）。

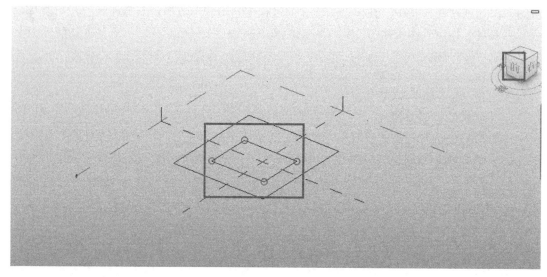

图 20.2-1

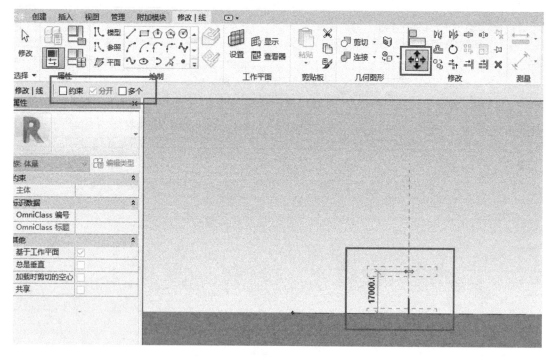

图 20.2-2

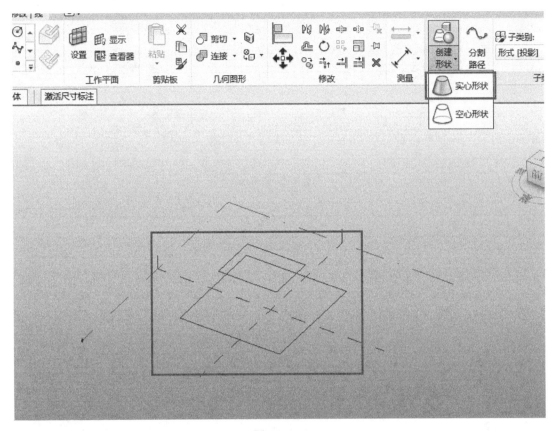

图 20.2-3

20.3 旋转

模型线直接在平面绘制轮廓以及旋转轴, 当旋转轴与其中一条边重合时, 会提示警告, 不影响绘图, 忽略即可 (图 20.3-1) 同时选择轮廓以及旋转轴, 点击 "创建形状" 命令下的 "实心形状" 完成绘制 (图 20.3-2)。

20.4 放样

模型线直接在平面绘制路径, 此时, 需要设置与路径垂直的工作平面, 点击 "工作平面" 中的 "显示" 命令, 再点击 "设置" 命令, 在视图中移动鼠标到路径端点, 当出现小蓝点时点击鼠标, 设置工作平面 (图 20.4-1), 在工作平面绘制放样轮廓, 选择轮廓与路径, 点击 "创建形状" 下的 "实心形状" 完成绘制 (图 20.4-2)。

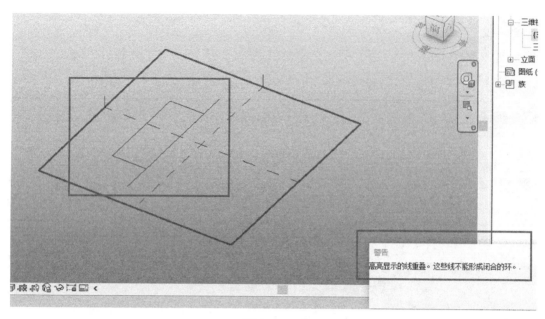

图 20.3-1

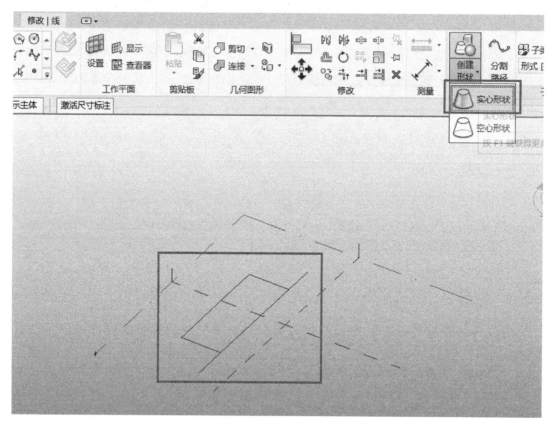

图 20.3-2

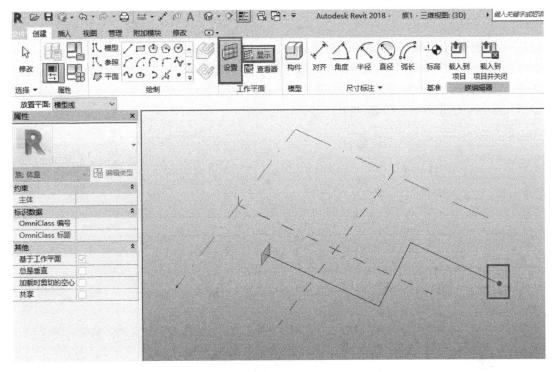

图 20.4-1

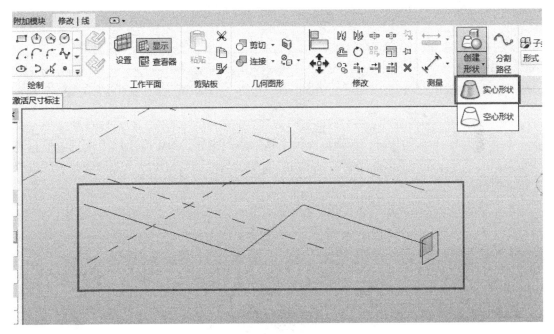

图 20.4-2

20.5　放样融合

模型线直接在平面绘制路径，路径只能为直线或曲线，点击"工作平面"中的"显示"命令，再点击"设置"命令，在视图中移动鼠标到路径端点，当出现小蓝点时点击鼠标，设置工作平面，在工作平面绘制轮廓，在路径的另一端点也绘制轮廓，选择轮廓与路径，点击"创建形状"下的"实心形状"完成绘制（图 20.5）。

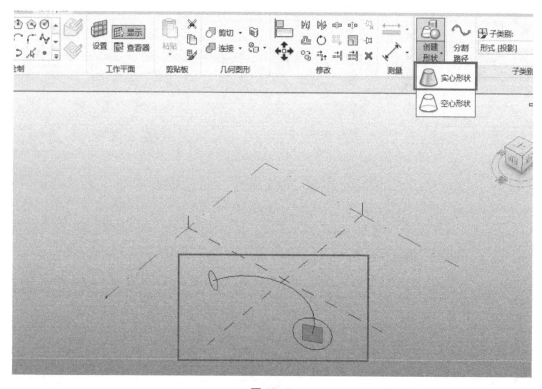

图 20.5

本书作为 Revit 入门教材，为学员提供了基础知识指导，BIM 应用作为建筑业信息化的重要组成部分，还有更多的功能需要掌握。希望学员能够学好 BIM，在繁荣建筑的道路上砥砺前行。

由衷感谢对本书提出指导意见的专家学者。

附录：全国 BIM 技能等级考试二级（建筑设计专业）真题

第十二期全国 BIM 技能等级考试二级（建筑设计专业）试题

第十三期全国 BIM 技能等级考试二级（建筑设计专业）试题

第十四期全国 BIM 技能等级考试二级（建筑设计专业）试题

第十五期全国 BIM 技能等级考试二级（建筑设计专业）试题

第十六期全国 BIM 技能等级考试二级（建筑设计专业）试题